系列名稱 / EASY COOK
書　名 / 沒時間煮？食譜女王唐娜海：
240道簡單、新鮮又快速的料理＋甜點，再忙也能輕鬆煮！
作　者 / 唐娜海 Donna Hay
出版者 / 大境文化事業有限公司
發行人 / 趙天德
總編輯 / 車東蔚
翻　譯 / 胡淑華
文編・校對 / 編輯部
美　編 / R.C. Work Shop
地址 / 台北市雨聲街77號1樓
TEL / (02)2838-7996
FAX / (02)2836-0028
初版日期 / 2015年9月
定　價 / 新台幣520元
ISBN / 9789869094795
書　號 / E102

讀者專線 / (02)2836-0069
www.ecook.com.tw
E-mail / service@ecook.com.tw
劃撥帳號 / 19260956大境文化事業有限公司

no time to cook
First published by HarperCollins Publishers Australia, Sydney, Australia, in 2008.
This Chinese language (Complex Characters) edition published by arrangement with
HarperCollins Publishers Australia Pty Limited.

國家圖書館出版品預行編目資料
沒時間煮？食譜女王唐娜海：240道簡單、新鮮又快速的料理＋甜點，再忙也能輕鬆煮！
唐娜海 Donna Hay 著；--初版.--臺北市
大境文化，2015[民104] 208面；22×28公分.
(EASY COOK；E102)
ISBN 9789869094795
1.食譜
427.1　　104015531

唐娜海
donna hay

沒時間煮
no time to cook

食譜女王唐娜海：240 道簡單、新鮮又快速的

料理＋甜點，再忙也能輕鬆煮！

photography by con poulos

TK

目錄

CONTENTS

[illegible] 8 assembled dinner

[illegible] 28 CHEATS 1. *breakfast & brunch*

[illegible] 32 1st flavour

[illegible] 56 CHEATS 2. *marinades & rubs*

[illegible] 60 one pan

[illegible] 86 CHEATS 3. *salad sides*

[illegible] 90 one pot

[illegible] 114 CHEATS 4. *sauces & salsas*

[illegible] 118 one dish

[illegible] 142 CHEATS 5. *vegetable sides*

[illegible] 146 some now some later

[illegible] 160 CHEATS 6. *nibbles*

[illegible] 164 [illegible]

[illegible] 181 CHEATS 7. [illegible]

[illegible] 183 glossary

[illegible] measures & conversions

[illegible] 200 index

完美搭配晚餐

ASSEMBLED DINNER

鮪魚和鷹嘴豆泥晚餐布其塔
TUNA & HUMMUS DINNER BRUSCHETTA

蔬食北非小麥開胃菜
VEGETABLE ANTIPASTI COUSCOUS

鮪魚和鷹嘴豆泥晚餐布其塔
tuna & hummus dinner bruschetta

麵包 4 片
橄欖油，刷油用
大蒜 1 瓣，切半
市售鷹嘴豆泥（hummus） ¾ 杯（200 克）
嫩菠菜葉或芝麻葉（rocket） 40g
番茄 2 顆，切片
薄荷葉 ¼ 杯
鮪魚罐頭 425 克，瀝乾
鹽漬酸豆（salted capers） 2 大匙，沖洗
海鹽和現磨黑胡椒
黃檸檬 1 顆，切半

將麵包用烤麵包機或炙烤架（grill）烤到金黃色。刷上橄欖油，以大蒜磨擦。抹上鷹嘴豆泥，放上菠菜、番茄、薄荷、鮪魚和酸豆。平均分配到上菜的盤子上，撒上鹽和胡椒，擠上黃檸檬汁，上菜。**2 人份**。

蔬食北非小麥開胃菜
vegetable antipasti couscous

即食北非小麥（instant couscous） 1 杯（180 克）
滾水 1¼ 杯（310 毫升）
海鹽和現磨黑胡椒
奶油 30 克，切碎
磨碎的帕瑪善起司 ½ 杯（50 克）
綜合油漬開胃蔬菜（antipasti） 250 克，瀝乾
撕碎的羅勒葉 ¼ 杯
費達起司（feta） 130 克

將北非小麥放入耐熱碗中，倒入滾水。用保鮮膜包緊等 5 分鐘，直到液體完全被吸收。除下保鮮膜，加入鹽、胡椒和奶油，攪拌一下。加入帕馬善、蔬菜、羅勒葉和費達起司，混合均勻。**2 人份**。

快速泰式冷麵
instant thai noodle salad

乾燥冬粉（bean thread noodles） 100g
紅蘿蔔 1 根，切絲
豌豆芽 50 克，修切過
小黃瓜 1 根，切絲
香菜葉 ½ 杯
薄荷葉 ½ 杯
烘烤過的原味花生或腰果 ½ 杯
老豆腐（firm tofu） 150 克，切小塊
甜辣醬 ¼ 杯（60 毫升）
綠萊姆汁 ¼ 杯（60 毫升）
魚露 2 大匙

將冬粉放入耐熱碗中，倒入滾水蓋過。靜置 5 分鐘後，瀝乾，用冷水沖洗。加入紅蘿蔔、豌豆芽、黃瓜、香菜、薄荷、堅果和豆腐。將甜辣醬、綠萊姆汁和魚露混合均勻後淋上，即可上菜。**2 人份**。

快速泰式冷麵
INSTANT THAI NOODLE SALAD

煙燻鮭魚布其塔
smoked salmon bruschetta

奶油起司（cream cheese） 125g
切碎的蒔蘿葉（dill） 1 大匙
黃檸檬汁 2 大匙
稍微切碎的醃黃瓜（cornichons）(G) ¼ 杯
海鹽和現磨黑胡椒
黑麥麵包（rye bread） 4 片，用烤麵包機烤一下
熱煙燻鮭魚片（hot-smoked salmon fillets）(G) 1 份 175 克，切大塊

將奶油起司、蒔蘿、黃檸檬汁、醃黃瓜、鹽和胡椒，放入碗裡混合均勻。抹到麵包上，加上鮭魚。若買不到熱煙燻的版本，可用冷煙燻鮭魚代替。**2 人份**。

雞肉、腰果和辣椒沙拉
chicken, cashew & chilli salad

乾燥冬粉（bean thread noodles） 100g
市售烤雞 ½ 隻，取雞肉絲
小黃瓜 1 根，切絲
番茄 1 顆，切塊
烘烤過的原味腰果 ⅓ 杯（50 克）
香菜葉 ¼ 杯
羅勒葉 ¼ 杯
辣椒調味汁材料：
甜辣醬 ¼ 杯（60 毫升）
醬油 1 ½ 小匙

將冬粉放入耐熱碗中，倒入滾水蓋過。靜置 5 分鐘泡軟，瀝乾。加入雞肉、小黃瓜、番茄、腰果、香菜和羅勒。將甜辣醬和醬油混合成調味汁，淋在冬粉上再拌勻。
2 人份。

快速牛排三明治
shortcut steak sandwich

外皮酥脆麵包 4 厚片
奶油，塗抹用
洋蔥甜酸醬（relish）、芥末醬（mustard）或
酸辣醬（chutney） ¼ 杯（70 克）
番茄 1 顆，切片
市售烤牛肉（一分熟 rare） 8 片
切達起司（cheddar） 8 片
芝麻葉（rocket），上菜用

麵包放到烤盤上，用炙烤架（grill）烤一下。翻面，將其中 2 片塗上奶油。另外 2 片抹上甜酸醬後，放上番茄、牛肉和起司，送回炙烤架下烤 2 分鐘，直到起司融化。搭配芝麻葉，以及另外 2 片抹上奶油的麵包上菜。**2 人份**。

薑汁醬油豆腐
ginger & soy-infused tofu

嫩豆腐（silken firm tofu） 300 克，切厚片
薑泥 1 大匙
醬油 ⅓ 杯（80 毫升）
紅糖 2 大匙
蔥 3 根，切片
麻油 2 小匙
芝麻 2 大匙
紅蘿蔔 2 根，刨絲
豌豆莢 100 克，切絲

將豆腐放在淺碗中。將薑泥、醬油、糖、蔥和麻油混合後淋入，靜置 5 分鐘入味後，再將豆腐翻面。將芝麻、紅蘿蔔和豌豆莢拌勻後，放入上菜的盤子裡，放上豆腐，舀上醃汁調味。**2 人份**。

番茄和莫札里拉起司沙拉佐橄欖醬調味汁
TORN TOMATO & MOZZARELLA SALAD WITH TAPENADE DRESSING

扁豆、朝鮮薊和山羊奶沙拉
LENTIL, ARTICHOKE & GOAT'S CHEESE SALAD

番茄和莫札里拉起司沙拉佐橄欖醬調味汁
torn tomato & mozzarella salad with tapenade dressing

熟番茄 2 顆
水牛乳莫札里拉起司（buffalo mozzarella） 1 大顆，
或波哥契尼起司（bocconcini） 4 顆
酸種麵包（sourdough bread） 2 片，
用橫紋炙烤鍋（char-grilled）或麵包機烤一下
現磨黑胡椒
芝麻葉（rocket） 40g
羅勒葉 ¼ 杯
橄欖醬調味汁材料：
市售黑橄欖醬（black olive tapenade）(G) 1 大匙
橄欖油 2 大匙
巴薩米可醋（balsamic vinegar） 1 小匙

將番茄和起司撕成塊狀。將麵包放入上菜的盤子裡，放上番茄，輕壓一下。撒上胡椒，放上莫札里拉起司、芝麻葉和羅勒葉。將橄欖醬和油、醋混合後做成調味汁，淋上即成。**2 人份**。

莫札里拉起司也有用殺菌過的牛乳製成的版本，但最珍貴的是由新鮮水牛乳製成。boccocini 是義大利文「一口」的意思，也就是這種可送入口中的小顆新鮮莫札里拉起司。

扁豆、朝鮮薊和山羊奶沙拉
lentil, artichoke & goat's cheese salad

罐頭扁豆（lentils） 400 克，沖洗瀝乾
紅酒醋 1 大匙
糖 1 小匙
橄欖油 1 大匙
海鹽和現磨黑胡椒
平葉巴西里葉 1 杯，撕碎
玻璃罐裝油漬朝鮮薊芯（artichoke hearts） 280 克，
瀝乾切半
市售烤雞 ½ 隻，取下雞肉切厚片
山羊奶起司 150 克，上菜用

將扁豆、醋、糖、橄欖油、鹽和胡椒，放入玻璃或瓷碗中，靜置 5 分鐘。加入巴西里、朝鮮薊和雞肉。搭配切片的山羊奶起司上菜。**2 人份**。

亞式薑汁鮮蝦冷麵
asian ginger prawn & noodle salad

乾燥米線（rice stick noodles） 150g
煮熟的蝦子 12 隻，去殼留下尾部
蔥 2 根，切絲
長紅辣椒 1 根，切片
香菜葉 1½ 杯
豌豆莢 50 克，切絲
醬油 2 大匙
薑泥 1 小匙
糖 1 小匙

將米線放入耐熱碗中，注入滾水蓋過。靜置 10 分鐘，等米線泡軟後瀝乾。加入蝦子、蔥、辣椒、香菜、豌豆莢、醬油、薑和糖。**2 人份**。

亞式薑汁鮮蝦冷麵
ASIAN GINGER PRAWN & NOODLE SALAD

烤義大利麵包沙拉
toasted italian bread salad

酸種麵包 3 厚片，烤過撕成小塊
熟番茄 4 顆，撕成小塊
去核橄欖 ½ 杯（75 克）
鮪魚罐頭 425 克，瀝乾
平葉巴西里葉 1 杯
白酒醋調味汁材料：
白酒醋 2 大匙
橄欖油 2 大匙
大蒜 1 小瓣，壓碎
現磨黑胡椒

將醋、油、大蒜和胡椒放入碗中，攪拌均勻製成調味汁。加入麵包和番茄，稍微混合。再加入橄欖、鮪魚和巴西里混合。**2 人份**。

煙燻鮭魚和酪梨墨西哥捲
smoked salmon & avocado enchiladas

墨西哥餅皮（tortillas） 4 小片
酸奶油（sour cream） ⅓ 杯（80 克）
煙燻鮭魚 8 片（200 克）
酪梨 ½ 顆，切片
帶莖西洋菜（watercress sprigs） 100 克
平葉巴西里葉 ⅓ 杯
小黃瓜 ½ 根，切片
蔥 2 根，切片
綠萊姆汁 2 大匙
海鹽和現磨黑胡椒

用熱烤箱、微波爐或烤麵包機，把餅皮加熱一下。抹上酸奶油，放上鮭魚。將酪梨、西洋菜、巴西里、小黃瓜、蔥、綠萊姆汁、鹽和胡椒混合一下，用湯匙舀到鮭魚上。將餅皮捲起後上菜。**2 人份**。

煙燻雞肉和檸檬美乃滋沙拉
smoked chicken & lemon-mayo salad

煮熟的煙燻雞胸肉 250 克，切片
小羅蔓生菜 1 小顆，修切過，將葉片分開
小黃瓜 1 小根，縱切成片
磨碎的帕瑪善起司 ¼ 杯（40 克）
檸檬美乃滋材料：
全蛋美乃滋 ⅓ 杯（100 克）
黃檸檬汁 1 大匙
切碎的羅勒葉 1 大匙
海鹽

將美乃滋、黃檸檬汁、羅勒和鹽放入碗裡，攪拌均勻，製作成檸檬美乃滋。將煙燻雞肉、生菜、小黃瓜和帕馬善起司，擺放在上菜的盤子裡。淋上調味汁後上菜。**2 人份**。

快速雞肉塔布里
speedy chichen tabouli

布格麥（burghul）（G）碾壓過的 ¾ 杯（120 克）
滾水 1 ½ 杯（375 毫升）
市售烤雞 ½ 隻，取下雞肉切塊
番茄 2 顆，切丁
蔥 2 根，切碎
切碎的平葉巴西里葉 ½ 杯
切碎的薄荷葉 ½ 杯
橄欖油 2 大匙
黃檸檬汁 1 大匙
海鹽和現磨黑胡椒
市售鷹嘴豆泥（hummus），上菜用
麵餅和黃檸檬，上菜用

將布格麥放入碗裡，加入滾水蓋過，用保鮮膜蓋好，靜置 20 分鐘，直到布格麥變軟。將雞肉、番茄、蔥、巴西里、薄荷、油、黃檸檬汁、鹽和胡椒及布格麥，放入小碗裡，混合均勻。搭配鷹嘴豆泥、麵餅和黃檸檬上菜。**2 人份**。

莫札里拉起司和白豆布其塔
MOZZARELLA & WHITE BEAN BRUSCHETTA

酪梨、鮪魚和番茄沙拉
AVOCADO, TUNA & TOMATO SALAD

莫札里拉起司和白豆布其塔
mozzarella & white bean bruschetta

罐頭白豆（cannellini beans） 400 克，瀝乾
大蒜 1 瓣，壓碎
橄欖油 2 大匙
黃檸檬汁 1 大匙
稍微切碎的平葉巴西里葉 ¼ 杯
海鹽和現磨黑胡椒
酸種麵包 4 片，烤過
芝麻葉（rocket） 40 克
莫札里拉起司 2 大球，撕成對半
義大利生火腿（prosciutto） 8 片
額外的橄欖油，澆淋用
黃檸檬角，上菜用

將白豆、大蒜、油和黃檸檬汁放入碗裡，用叉子稍微壓碎接近糊狀。加入巴西里、鹽和胡椒混合。抹在麵包片上，放到上菜的盤子裡。放上芝麻葉、莫札里拉起司和義大利生火腿。淋上額外的油，搭配黃檸檬角上菜。**2 人份**。

存貨齊全的食品櫃，是所有忙碌煮婦煮夫的最佳保險。鮪魚罐頭是最好的選擇之一，可在數秒之內變身為一餐。罐頭豆子、鷹嘴豆（chickpeas）和扁豆（lentils）都在時間緊湊的廚房中佔有一席之地。

酪梨、鮪魚和番茄沙拉
avocado, tuna & tomato salad

酪梨 1 顆，切成四等份
罐頭鮪魚片 2 罐各 125 克，瀝乾
番茄 2 顆，切厚片
平葉巴西里葉 ½ 杯
海鹽和現磨黑胡椒
橄欖油，澆淋用
鹽膚木粉（ground sumac）（G） 1 小匙
黃檸檬角，上菜用

將酪梨、鮪魚、番茄和巴西里，擺放在上菜的盤子上。撒上鹽和胡椒，淋上橄欖油。撒上鹽膚木粉，搭配黃檸檬角上菜。**2 人份**。

哈魯米薄片沙拉佐檸檬蜂蜜調味汁
shaved haloumi salad with lemon-honey dressing

哈魯米起司（haloumi）（G） 150 克
番茄 2 顆，切厚片
薄荷葉 ¼ 杯
小黃瓜 1 根，切厚片
西洋芹 2 根，切厚片
檸檬蜂蜜調味汁材料：
黃檸檬汁 2 大匙
蜂蜜 1 大匙
橄欖油 1 大匙
現磨黑胡椒

用寬徑蔬菜削皮刀（peeler）將哈魯米起司削成薄片。和番茄、薄荷、小黃瓜和芹菜一起混合。將黃檸檬汁、蜂蜜、油和胡椒混合後製成調味汁。淋上沙拉即可上菜。**2 人份**。

哈魯米薄片沙拉佐檸檬蜂蜜調味汁
SHAVED HALOUMI SALAD WITH LEMON-HONEY DRESSING

醃檸檬、鮪魚和白豆沙拉
preserved lemon, tuna & bean salad

罐頭白豆（cannellini beans） 400 克，沖洗瀝乾
罐頭鮪魚 425 克，瀝乾
切絲的醃黃檸檬果皮（preserved lemon rind）(G) 1 大匙
平葉巴西里葉 1 杯
海鹽和現磨黑胡椒
黃檸檬汁，上菜用
烤過的酸種麵包（sourdough），上菜用

將白豆和鮪魚放入中型碗中，加入醃黃檸檬、巴西里、鹽和胡椒混合均勻。淋上黃檸檬汁，搭配烤酸種麵包片上菜。**2 人份**。

薄荷豌豆和費達起司沙拉
minted pea & feta salad

冷凍豌豆 2 杯（240 克）
薄荷葉 ½ 杯
黃檸檬汁 1 大匙
橄欖油 2 大匙
現磨黑胡椒
嫩菠菜葉或沙拉葉 50 克
費達起司（feta） 100 克
義大利生火腿（prosciutto） 6 片
中東薄餅（lavosh bread），上菜用

將豌豆放入耐熱碗中，倒入滾水，靜置 2 分鐘，直到豌豆變軟。用冷水沖洗瀝乾。將豌豆、薄荷、黃檸檬汁、油和胡椒混合均勻。將嫩菠菜平均分配到上菜的盤子上，放上豌豆、費達起司和義大利生火腿。搭配中東薄餅上菜。**2 人份**。

快速雞肉凱薩沙拉
cheat's chicken caesar salad

市售烤雞 ½ 隻，取下雞肉切片
小羅蔓生菜（baby cos lettuce） 2 小顆，切半，修切過
削成薄片的帕瑪善起司 ¼ 杯（20 克）
市售皮塔脆餅（pita crisips）、垮司堤尼（crostini）
或麵包丁（croutons） 100 克
義大利生火腿（ prosciutto） 4 片
現磨黑胡椒
凱薩沙拉調味汁材料：
全蛋美乃滋 ½ 杯（150 克）
黃檸檬汁 1 大匙
第戎芥末醬（Dijon mustard） 1 小匙

將雞肉、生菜、帕瑪善起司、皮塔脆餅和義大利生火腿，一起擺放在盤子上。將美乃滋、黃檸檬汁和芥末醬攪拌混合，製成調味汁，淋在沙拉上，撒上胡椒。**2 人份**。

雞肉沙拉和椰奶調味汁
chicken salad with coconut dressing

沙拉葉 40 克
紅蘿蔔 1 根，刨薄片
小黃瓜 1 根，刨薄片
市售烤雞 ½ 隻，取雞肉撕成絲
香菜葉 ⅓ 杯
羅勒葉 ⅓ 杯
烤過的花生 ½ 杯（70 克），稍微切碎
椰奶調味汁材料：
長紅辣椒 1 根，切碎
椰奶（coco cream） ⅓ 杯（80 毫升）
綠萊姆汁 1 大匙
紅糖（brown sugar） 1 小匙
魚露 1 小匙

將沙拉葉、紅蘿蔔、小黃瓜、雞肉、香菜葉和羅勒葉，擺放在上菜的盤子上。將辣椒、椰奶、綠萊姆汁、糖和魚露混合，製成調味汁。淋在沙拉上，撒上花生即可享用。**2 人份**。

快速絕招

CHEATS 1.

早餐與早午餐
breakfast & brunch

現代人的生活步調緊湊快速，週末成了和家人朋友
歡聚的珍貴時光。
何不共度悠閒的早餐或早午餐時刻，
放鬆地聊聊？
食物本身不需複雜，我們將傳統受歡迎的食譜，
加了一點變化，提供一些意外的驚喜。

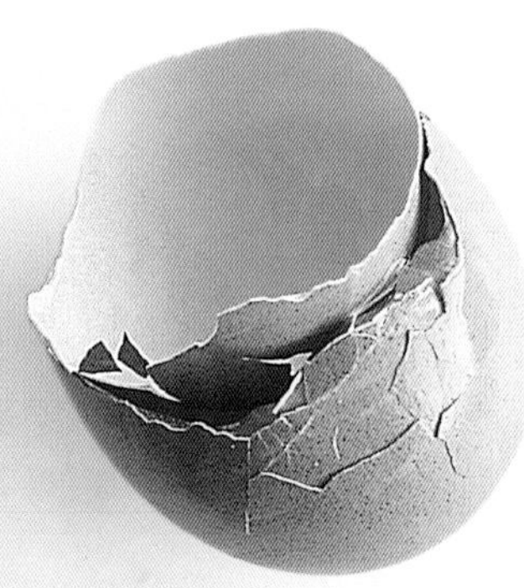

肉桂蘋果與紅糖優格
cinnamon apples with brown sugar yoghurt

右圖：將 2 顆蘋果去核，切成厚片。放入中型不沾平底鍋，加入 1 根肉桂棒、25g 奶油、2 大匙水和 2 大匙楓糖，用中火加熱。讓蘋果的兩面各慢煮（simmer）5 分鐘，直到變軟。可以趁熱直接放到盤子上，也可等到冷卻。搭配一大匙原味優格，撒上紅糖享用。**2 人份**。

莓果楓糖果麥
berry & maple crunch

下圖：將 1 杯（90 克）燕麥片、½ 杯（80 克）稍微切碎的杏仁、和 ¼ 杯（75 克）葵花籽或南瓜籽，和 ½ 杯（125ml）的楓糖拌勻。放到鋪了不沾烘焙紙的烤盤上，送進預熱 180℃（355 ℉）的烤箱，烤 12-15 分鐘，直到轉成金黃色並變得酥脆。將覆盆子、草莓或其他綜合莓果，放入玻璃杯中。舀上幾匙濃郁的原味優格與酥脆的綜合烤燕麥堅果。**6 人份**。

水果和優格是經典的早餐組合，我們在此增加了一點新鮮的元素，使它更加吸引人。用莓果和穀麥片，來增添另一層豐富的質感。

蘋果和草莓果麥
apple & strawberry bircher

上圖：將 1 杯（90 克）燕麥片，和 ¾ 杯（180ml）蘋果汁放入碗裡混合。靜置 5 分鐘。加入 1 顆磨碎的（grated）青蘋果、1 撮肉桂粉、¼ 杯（35 克）烤過燒微切碎的杏仁、½ 杯（140 克）濃郁原味優格，和 1 大匙楓糖，輕輕拌勻。舀到上菜的碗裡，加上當季水果片，如草莓、水蜜桃、梨子或藍莓。淋上一點額外的楓糖後上菜。**2 人份**。

烘烤水蜜桃和玫瑰水優格
baked peaches with rosewater yoghurt

左圖：將 2 顆水蜜桃切半去核。切面朝上，放到鋪了不沾烘培紙的烤盤上，切面撒上糖。送進預熱 180℃（355 ℉）的烤箱，烤 20 分鐘，直到變軟呈金黃色。將 1 杯（280 克）濃郁的香草優格，和 ½ 小匙玫瑰水混合。將水蜜桃放到上菜的盤子上，舀上玫瑰水優格和切碎的原味開心果。**2 人份**。

蛋皮捲
egg rolls

右圖：用大火加熱中型不沾平底鍋。一張蛋皮需要打散1顆的蛋，加上一點海鹽和黑胡椒。將蛋汁倒入熱鍋內，搖晃一下，使其均勻覆蓋鍋底。加熱1分鐘到凝固。離火，加上你喜歡的內餡，如煙燻鮭魚、酸奶油和西洋菜（watercress）或是烤番茄、菠菜葉和煎培根。捲好後趁熱上菜。**1 人份**。

蘆筍布其塔
asparagus bruschetta

下圖：將 2 顆雞蛋放入滾水中煮 4 分鐘，到半熟（soft-boil）狀態，泡入冷水再剝殼。將 1 大匙的橄欖油和 1 小匙的磨碎黃檸檬果皮混合，刷在 4 大片麵包上。放到預熱好的橫紋炙烤鍋（char-grill pan）上，將兩面都烤過。放上汆燙過的蘆筍、義大利生火腿薄片、水煮蛋、磨碎的帕瑪善起司、鹽和胡椒。**2 人份**。

若是需要來份具飽足感的早餐，幾乎不可避免地會用到充滿變化的雞蛋。豆子也很適合用來搭配，保證大受歡迎，加上培根風味絕佳。

培根白豆
bacon & beans

上圖：將 4 片切碎的培根（rashers）放入平底鍋，以中火煎到酥脆。加入 1 罐 400g 沖洗瀝乾的白豆或奶油豆（cannellini or butter beans）、150 克切半的櫻桃番茄和 1 小匙的百里香（thyme）葉。續煮 4 分鐘，直到番茄變軟，豆子熱透。撒上海鹽和黑胡椒，盛在塗了奶油熱呼呼的酸種麵包片上。**2 人份**。

義式培根烘蛋
pancetta baked eggs

左圖：在 6 個容量 ½ 杯（125 毫升）的馬芬模（muffin tins）裡抹上油，分別鋪上 2-3 片義式培根（pancetta），覆蓋底部和周圍。將 3 顆雞蛋、½ 杯（125 毫升）鮮奶油（cream）、1 大匙撕碎的羅勒葉（basil）、¼ 杯（20 克）磨碎的帕瑪善起司、海鹽和黑胡椒混合打散。倒入鋪好培根的模型中，送入預熱 180°C（355 °F）的烤箱，烘烤 12 分鐘，直到蛋汁凝固。搭配剛烤好抹上奶油的麵包上菜。**6 人份**。

爐烤番茄塔
roasted tomato tarts

右圖：將1片（25×25cm）解凍的市售酥皮切成4等份，放在鋪了不沾烘焙紙的烤盤上。將1杯（200克）新鮮瑞可塔起司（ricotta）和¼杯（20克）磨碎的帕瑪善起司、海鹽和現磨黑胡椒混合，然後抹在酥皮上，預留邊界。在每塊酥皮上放上3顆櫻桃番茄，淋上少許橄欖油並撒上一些百里香葉。放入預熱180°C（355°F）的烤箱烤25-30分鐘，直到酥皮膨脹轉成金黃色。**可做出4個**。

超簡單香蕉麵包
simple banana bread

下圖：將1⅔杯（220克）中筋麵粉、1½小匙泡打粉、⅓杯（75克）細砂糖、⅓杯（110克）紅糖、1小匙肉桂粉和1小匙香草精充分混合。在中央做出1個凹洞，加入2顆雞蛋、½杯（125毫升）蔬菜油和3根壓成泥的香蕉（1½杯），充分混合。倒入抹上油、尺寸20×10×10cm的吐司模內。撒上紅糖，送入預熱160°C（320°F）的烤箱，烤60分鐘或直到烤熟。

無論你正在尋找早午餐的靈感，
或是準備野餐與
公路旅行的良伴，
這些都是完美的選擇，
份量剛好，
風味經典而又帶點創新。

莓果法式吐司
berry french toast

上圖：混合⅓杯（60克）奶油起司（cream cheese）、2大匙細砂糖和¼小匙磨碎的黃檸檬皮，抹在2片布里歐許（brioche）厚片麵包上。再加上稍微解凍的覆盆子或藍莓，放上另外2片麵包夾起做成三明治。在平底鍋裡加熱一點奶油，將三明治的兩面各煎3分鐘，直到變為金黃色。趁熱上菜可當做早餐、早午餐或搭配冰淇淋當作甜點。**2人份**。

培根蛋小餐包
mini bacon & egg rolls

左圖：將8顆小餐包（dinner rolls）的頂端切除，挖出內部的軟麵包。將4顆雞蛋、1杯（250毫升）鮮奶油（cream）、2大匙切碎的細香蔥（chives）、粗海鹽和現磨黑胡椒攪拌混合。把培根的外圍脂肪（rind）切除。將餐包放在烤盤上，在中央空心的邊緣處鋪上培根。倒入蛋汁，送入預熱160°C（320°F）的烤箱內，烤25-30分鐘，直到蛋汁凝固。熱食或冷食皆宜。**可做出8個**。

快速也有好風味

FAST FLAVOUR

好吃的快餐，其秘訣不在使用材料的多寡，
或準備過程的繁複與否。其實重要的關鍵是
最新鮮的食材、簡單的搭配和料理方法。
運用炙烤爐或橫紋炙烤鍋（grill pan），
可在短短數分鐘內做出美味的食物。上面橫條狀的
燒烤痕跡，不只是為了好看，這也是創造出
鮮美滋味的必備元素。

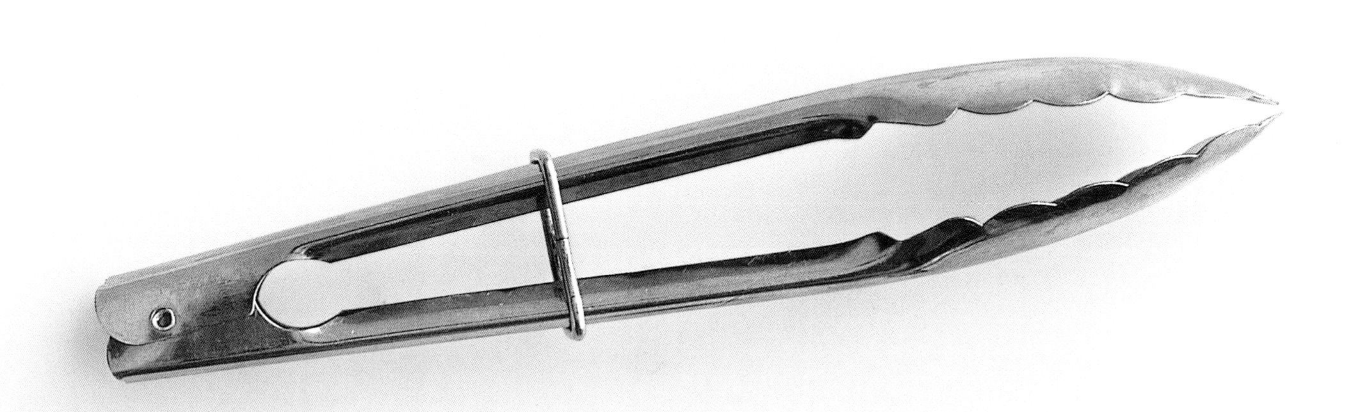

丁骨牛排佐牛肝蕈鹽
T-BONE STEAK WITH PORCINI SALT

鮭魚和醃檸檬美乃滋
SALMON WITH PRESERVED LEMON MAYO

丁骨牛排佐牛肝蕈鹽
t-bone steak with porcini salt

乾燥牛肝蕈（dried porcini mushrooms）(G) 10 克
粗海鹽 1 大匙
丁骨牛排（t-bone steaks） 2 片各 300 克
橄欖油，刷油用
現磨黑胡椒 ½ 小匙
手切薯條和沙拉，上菜用

將乾燥牛肝蕈和鹽放入小型食物處理機、果汁機、或用研缽和杵磨成極細。將牛排的兩面都刷上橄欖油、撒上一點牛肝蕈鹽和胡椒。將炙烤爐或橫紋鍋或碳烤（broiler/char-grill pan/barbecue）以中火（medium）燒熱，將牛排每面各煎 4-5 分鐘，或煎到自己喜歡的熟度。撒上額外的牛肝蕈鹽，搭配手切薯條和綠葉沙拉上菜。**2 人份**。

誰會想到簡單的乾燥牛肝蕈加鹽，
就會有如此驚人的美味？
這是我在本書中最喜愛的作法之一，
已經有人將它暱稱為「神奇牛肝蕈粉」。
撒在薯條、烤雞、烤羊肉和烤牛肉上，
就是令你驚奇的絕妙風味。

鮭魚和醃檸檬美乃滋
salmon with preserved lemon mayo

鮭魚片 2 片各 200 克
蘆筍 10 根，修切過
橄欖油，刷油用
海鹽和現磨黑胡椒
小羅蔓生菜（baby cos lettuce） 1 小顆，修切過
鹽漬檸檬美乃滋材料：
市售全蛋美乃滋 ½ 杯（125 克）
切碎的鹽漬黃檸檬（preserved lemon）(G) 2 大匙
切碎的香葉芹（chervil）葉 1 大匙

將鹽漬黃檸檬、美乃滋和香葉芹葉放入碗裡攪拌混合，製成鹽漬檸檬美乃滋。將鮭魚片縱切成 3 等份。將鮭魚和蘆筍刷上油，撒上鹽和胡椒。將炙烤爐或橫紋鍋或碳烤（broiler/char-grill pan/barbecue）以中－大火燒熱，將鮭魚和蘆筍每面煎 1-2 分鐘，或直到鮭魚煎到自己喜歡的熟度，蘆筍脆而嫩。將生菜平均分配到上菜的盤中，放上鮭魚和蘆筍，搭配鹽漬檸檬美乃滋上菜。**2 人份**。

黑胡椒豬肉和蘋果絲沙拉
peppered pork with apple slaw

豬里脊排（pork loin steaks） 4 片各 75 克
橄欖油，刷油用
現磨黑胡椒 2 小匙
乾燥辣椒片 1 小撮
粗海鹽 1 小匙
蘋果絲沙拉材料：
青蘋果 1 顆，刨絲
高麗菜（white cabbage）絲 1 杯
切碎的細香蔥（chives） 2 大匙
全蛋美乃滋 ¼ 杯（75 克）
蜂蜜 1 小匙

將豬排刷上薄薄的橄欖油。混合胡椒、辣椒和鹽，撒在豬排上。將炙烤爐或橫紋鍋或碳烤（broiler/char-grill pan/barbecue）以大火燒熱，將豬排每面煎 2-3 分鐘，或直到你喜歡的熟度，靜置一旁休息（使肉汁均匀分布）。現在製作蘋果絲沙拉。將蘋果、高麗菜和細香蔥混合。將美乃滋和蜂蜜混合均匀，淋在沙拉上，拌匀。將豬排盛到上菜的盤中，搭配蘋果絲沙拉上菜。

黑胡椒豬肉和蘋果絲沙拉
PEPPERED PORK WITH APPLE SLAW

大蒜烤雞和芝麻葉莎莎
garlic-grilled chicken with rocket salsa

去骨雞腿排 4 片各 140 克
橄欖油 2 大匙
大蒜 6 瓣，壓碎
奧勒岡（oregano）葉 1 大匙
海鹽和現磨黑胡椒
芝麻葉莎莎材料：
芝麻葉（rocket） 40 克，切絲
去核切半的橄欖 ¼ 杯（40 克）
削片的帕瑪善起司 40 克
巴薩米可醋 1 大匙
橄欖油 1 大匙

將雞腿排、油、大蒜、奧勒岡、鹽和胡椒放入淺盤中，混合均勻。讓雞肉醃10分鐘。現在製作莎莎醬。將芝麻葉、橄欖、帕瑪善、醋和油拌勻。將炙烤爐或橫紋鍋或碳烤（broiler/char-grill pan/barbecue）燒熱，將雞肉每面煎 4-5 分鐘，或直到熟透，中間不時澆淋醃汁。將雞肉盛到上菜的盤中，搭配芝麻葉莎莎醬上菜。**2 人份**。

香茅萊姆奶油烤蝦
prawns with lemongrass & lime butter

未去殼大型生蝦 12 隻
香茅（lemongrass） 2 根，切碎
磨碎的綠萊姆皮 1 小匙
奶油 60 克，軟化
海鹽
切成 4 等分的捲心萵苣（iceberg lettuce wedges），上菜用

先準備蝦子，將頭部摘除，用刀子沿著腹部切下一半的深度，稍微用力將蝦子壓平。將香茅、綠萊姆果皮、奶油和鹽放入研缽混合，用杵來壓碎拌勻。放入微波爐或鍋裡用小火加熱，使奶油融化，然後刷在蝦子上。將炙烤爐或橫紋鍋或碳烤（broiler/char-grill pan/barbecue）以中－大火燒熱，將蝦子煎 3 分鐘或直到熟透。搭配切成 4 等分的捲心萵苣上菜。**2 人份**。

哈里薩烤雞和地瓜
harissa chicken & sweet potato

哈里薩辣醬（harissa）（G） 1 大匙
橄欖油 2 大匙
稍微切碎的香菜葉 ¼ 杯
海鹽
去骨雞腿排 4 片各 140 克，切半
紅肉番薯（kumara） 500 克，去皮切薄片
嫩菠菜葉 40g
市售希臘黃瓜優格醬（tzatziki），上菜用

將哈里薩辣醬、油、香菜葉和鹽放入碗裡混合。加入雞肉和番薯拌勻。將炙烤爐或橫紋鍋或碳烤（broiler/char-grill pan/barbecue）以中火燒熱，將番薯和雞肉每面煎 4-5 分鐘，或直到轉成褐色並煮熟。將嫩菠菜平均分配到上菜的盤子上，放上雞肉和番薯，搭配黃瓜優格醬上菜。**2 人份**。

雞肉、萊姆和香菜墨西哥餅
chicken, lime & coriander quesadillas

奶油起司（cream cheese） 75 克，軟化
綠萊姆汁 2 大匙
綠辣椒 1 長根，去籽切碎
蔥 3 根，切片
稍微切碎的熟雞胸肉 2 杯
海鹽和現磨黑胡椒
香菜葉 ½ 杯
磨碎的切達起司（cheddar） 1 杯（120 克）
玉米或麵粉製墨西哥餅皮（tortillas） 8 小片
蔬菜油，刷油用
綠萊姆角，以及番茄、香菜與洋蔥沙拉，上菜用

將奶油起司、綠萊姆汁和辣椒，放入碗裡混合均勻。加入蔥、雞肉、鹽和胡椒並拌勻。抹在一半的墨西哥餅皮上，加上香菜、切達起司，蓋上另一半的餅皮，在兩面都刷上一點油。將炙烤爐或橫紋鍋或碳烤（broiler/char-grill pan/barbecue）以中火燒熱，將墨西哥餅三明治的兩面各煎 2 分鐘，或直到外皮酥脆內部溫熱。搭配綠萊姆角，以及番茄、香菜與洋蔥混合的沙拉上菜。**2 人份**。

咖哩雞肉和椰奶麵條
CURRY-CRUSTED CHICKEN & COCONUT NOODLES

哈里薩烤羊肉
HARISSA-SPICED BARBECUED LAMB

咖哩雞肉和椰奶麵條
curry-crusted chicken & coconut noodles

雞胸肉 2 片各 200 克，對半縱切
泰式綠咖哩醬 2 小匙
油 2 大匙
綠萊姆角，上菜用
椰奶香菜麵材料：
乾燥米線（dried rice stick noodles） 100 克
糖 1 小匙
綠萊姆汁 1 大匙
蔥 4 根，切片
香菜葉 ¾ 杯
綠辣椒 1 長根，切片
椰奶（coconut milk） 100 毫升
魚露 1 大匙

先準備椰奶香菜麵。將米線放入耐熱碗中，倒入滾水蓋過。靜置 10 分鐘到米線變軟，瀝乾後用冷水沖涼。將糖放入綠萊姆汁內溶解，淋在米線上，再和蔥、香菜、辣椒、椰奶和魚露一起拌勻。將米線平均分配到上菜的盤中。將雞肉的兩面都薄薄刷上混合好的咖哩醬和油。將炙烤爐或橫紋鍋或碳烤（broiler/char-grill pan/barbecue）以大火燒熱，將雞肉兩面各煎 2-3 分鐘，直到熟透，放在米線上後，搭配綠萊姆角上菜。**2 人份**。

我們在廚房冰箱裡，備有不少特殊調味料，你會驚訝地發現它們的用處比你想像得更廣泛。泰式紅綠咖哩醬、印度坦都爾（tandoor）和其他咖哩香料、以及辣椒醬等，都可當做烤肉、烤海鮮和烤蔬菜的醃汁，提供快速簡便的辛香美味。

哈里薩烤羊肉
harissa-spiced barbecued lamb

羊背里脊肉（lamb backstrap） 1 塊 200 克，修切過
哈里薩辣醬（harissa）（G）或一般辣醬 2 小匙
橄欖油 1 大匙
黃檸檬汁 2 大匙
切碎的奧勒岡（oregano）葉 2 小匙
海鹽和現磨黑胡椒
嫩菠菜葉 40 克
番茄 2 顆，切片
薄荷葉 ¼ 杯
橄欖油，澆淋用
麵餅（flatbread） 2 片
市售茄子蘸醬（baba ghanoush） 100 克
黃檸檬角，上菜用

將羊肉放在淺盤中。將辣醬、油、黃檸檬汁、奧勒岡、鹽和胡椒混合後，澆淋在羊肉上。讓羊肉醃 15 分鐘。將炙烤爐或橫紋鍋或碳烤（broiler/char-grill pan/barbecue）以中－大火燒熱，將羊肉的兩面各煎 4 分鐘，或煎到你喜歡的熟度。上菜時，將菠菜放到盤子上，放上番茄、薄荷、淋上橄欖油。羊肉切片後，平均分配到盤子裡，搭配麵餅、茄子蘸醬和黃檸檬角享用。**2 人份**。

義大利火腿裹牛排和藍紋起司
prosciutto-wrapped steaks with blue cheese

厚片牛排（沙朗或肋眼 sirloin or eye） 2 片各 220 克，修切過
鮮香菇 2 朵，梗部修切過
橄欖油 1 大匙
巴薩米可醋 1 大匙
現磨黑胡椒
芥末醬 1 大匙
義大利生火腿（prosciutto） 4 片
嫩菠菜葉 50 克
軟質的藍紋起司 70 克

將油和巴沙米可醋混合後，刷在牛排和香菇上，撒上足量的胡椒。牛排抹上芥末醬，包上義大利生火腿。將炙烤爐或橫紋鍋或碳烤（broiler/char-grill pan/barbecue）以中－大火燒熱。將牛排和香菇每面煎 5 分鐘，或直到自己喜歡的熟度。將菠菜分配到上菜的盤子上，加上香菇和牛排。最後放上 1 小塊藍紋起司，讓它稍微融化後上菜。**2 人份**。

義大利火腿裹牛排和藍紋起司
PROSCIUTTO-WRAPPED STEAKS WITH BLUE CHEESE

味噌薑汁烤雞
grilled miso-ginger chicken

味噌（miso paste） 2 大匙
醬油 2 大匙
薑泥 2 小匙
麻油 2 小匙
雞胸肉 2 片各 200 克，縱切成 3 等份
醃薑 - 豌豆莢沙拉材料：
豌豆莢 150 克，切絲
醃薑（pickled ginger/gari）(G) 1 ½ 大匙
芝麻 1 大匙，烘烤過

先製作沙拉。將豌豆莢放入碗裡，倒入滾水蓋過，靜置 1 分鐘後瀝乾。將豌豆莢、薑和芝麻放入小碗裡拌勻。包上保鮮膜備用。在另一碗中，混合味噌、醬油、薑和麻油，放入雞肉醃 5 分鐘。將炙烤爐或橫紋鍋或碳烤（broiler/char-grill pan/barbecue）以中－大火燒熱，將雞肉兩面各煎 2 分鐘，或直到熟透。將沙拉和雞肉平均分配在上菜的盤子中。**2 人份**。

香料烤牛排佐辣椒莎莎醬
spice-grilled steak with chilli salsa

煙燻紅椒粉（smoked paprika） 2 小匙
現磨黑胡椒 ½ 小匙
切碎的百里香（thyme）葉 2 小匙
海鹽
厚片牛排（沙朗或肋眼 sirloin or rib eye steaks）
2 片各 220 克
橄欖油，刷油用
辣椒莎莎材料：
長紅辣椒 3 根，縱切對半並去籽
酪梨 1 顆，切厚片
綠萊姆汁 1½ 大匙
香菜葉 ¼ 杯

混合紅椒粉、胡椒、百里香和鹽。將牛排的兩面都刷上一點油，並撒上混合香料。將炙烤爐或橫紋鍋或碳烤（broiler/char-grill pan/barbecue）以中－大火燒熱，將牛排和辣椒（帶皮的那面朝下）的兩面各煎 3 分鐘，或直到牛排達到喜歡的熟度，辣椒帶點焦色。將牛排盛到上菜的盤中。現在製作辣椒莎莎醬，將辣椒和酪梨、綠萊姆汁、香菜和鹽混合，放到牛排上，即可上菜。**2 人份**。

鹽膚木雞肉佐杏仁北非小麥
chicken with sumac & almond couscous

橄欖油 1 大匙
大蒜 2 瓣，壓碎
雞胸肉 2 片各 200 克，縱切對半
海鹽和鹽膚木粉（sumac），撒在雞肉上
嫩菠菜葉，上菜用
杏仁北非小麥材料：
即食北非小麥（instant couscous） 1 杯（200 克）
滾水 1 杯（250 毫升）
辣椒片 1 撮
奶油 25 克
蔥 3 根，切蔥花
去皮烘烤過的杏仁角 ⅓ 杯（45 克）

先製作杏仁北非小麥。將北非小麥和滾水混合，放入耐熱小碗中，蓋上保鮮膜，靜置 5 分鐘。掀開保鮮膜，用叉子翻鬆後，加入辣椒、奶油、蔥和杏仁角拌勻。將油和大蒜混合後，刷在雞肉上，撒上鹽和鹽膚木粉。將炙烤爐或橫紋鍋或碳烤（broiler/char-grill pan/barbecue）以中－大火燒熱，將雞肉每面各煎 3 分鐘，或直到熟透。將杏仁北非小麥平均分配到盤子上，放上雞肉，搭配菠菜上桌。**2 人份**。

鼠尾草烤小牛肉排和嫩蔥韭
sage veal cutlets with baby leeks

小牛肉排（veal cutlets） 4 片各 125 克
鼠尾草（sage） 4 枝
嫩韭蔥（baby leeks） 4 根，修切過並剖半
橄欖油，刷油用
海鹽和現磨黑胡椒
沙拉葉，上菜用
白脫鮮奶調味汁材料：
白脫鮮奶（buttermilk） ½ 杯（125 毫升）
切碎的平葉巴西里葉 ½ 杯
磨碎的黃檸檬果皮 1 小匙

先製作白脫鮮奶調味汁。將白脫鮮奶、巴西里和黃檸檬果皮在碗裡混合，攪拌均勻，備用。將 1 枝鼠尾草放在小牛肉排上，用廚房綿繩綁緊。將小牛肉排和韭蔥刷上橄欖油，撒上鹽和胡椒。將炙烤爐或橫紋鍋或碳烤（broiler/char-grill pan/barbecue）以中－大火燒熱，將小牛肉排和韭蔥每面各煎 4 分鐘，直到小牛肉排達到想要的熟度，韭蔥變軟呈金黃色。將沙拉和韭蔥盛到上菜的盤子裡，放上小牛肉排，淋上調味汁。**2 人份**。

茄子沙拉佐優格調味汁
EGGPLANT SALAD WITH YOGHURT DRESSING

菠菜和莫札里拉起司烤披薩
BARBECUED SPINACH & MOZZARELLA PIZZA

茄子沙拉佐優格調味汁
eggplant salad with yoghurt dressing

圓茄（aubergines） 2 顆（600 克），切片
橄欖油 ⅓ 杯（80 毫升）
小茴香粉（ground cumin）1 ½ 小匙
煙燻紅椒粉（smoked paprika） 1½ 小匙
海鹽和現磨黑胡椒
哈魯米起司（haloumi） 200 克，切片
鷹嘴豆（chickpea）罐頭 400 克，沖洗瀝乾
櫻桃番茄 1 籃（250 克），切半
稍微切碎的平葉巴西里葉 ¼ 杯
鹽膚木粉（sumac）（G） 1 小匙
薄荷優格調味汁材料：
薄荷葉 ⅓ 杯，切碎
濃稠原味優格 ¾ 杯（210 克）
大蒜 1 瓣，壓碎
黃檸檬汁 2 小匙

將薄荷、優格、大蒜、黃檸檬汁和鹽混合，製成調味汁。將橄欖油和小茴香粉、紅椒粉、鹽和胡椒混合，刷在茄子的兩面上。炙烤爐或橫紋鍋或碳烤（broiler/char-grill pan/barbecue）以中火燒熱，分批將茄子每面各煎 2 分鐘，直到轉成金黃色。哈魯米起司每面各煎 1 分鐘，直到帶點焦色。將鷹嘴豆、番茄和巴西里放入小碗裡拌勻。將調味汁平均分配到上菜的盤中，分層放上茄子、哈魯米和鷹嘴豆沙拉。撒上鹽膚木粉後上菜。**2 人份**。

要將日常三餐轉變為不凡的用餐體驗，最後的修飾就是關鍵。撒上足量的鹽膚木粉，為茄子增添刺激風味，也呈現出特殊的紫色風情。快速醃洋蔥，讓平凡無奇的燒烤瞬間變得特別起來。

菠菜和莫札里拉起司烤披薩
barbecued spinach & mozarella pizza

菠菜葉 200 克
圓形皮塔餅（pita） 2 片
新鮮瑞可塔起司（ricotta） 240 克
磨碎的黃檸檬果皮 2 小匙
檸檬百里香葉（lemon thyme） 2 小匙
波哥契尼起司（bocconcini） 6 顆，切半
義式培根（pancetta） 8 片
芝麻葉（rocket），上菜用

將菠菜放入中型碗中，注入滾水蓋過，靜置 2 分鐘後瀝乾。用廚房紙巾擠壓一下，去取多餘的水分，然後稍微切碎。在皮塔餅抹上瑞可塔起司，放上菠菜、黃檸檬果皮、百里香、波哥契尼起司和義式培根。將炙烤爐或橫紋鍋或碳烤（broiler/char-grill pan/barbecue）以中火預熱，將皮塔餅放在加熱的那一面，蓋上烤爐的蓋子，或替鍋子蓋上蓋子，加熱 5 分鐘，直到餅皮底部變金黃色，起司融化。搭配芝麻葉上菜。**2 人份**。

香草牛排和醃漬洋蔥
herb-grilled steak with pickled onions

百里香葉（thyme） 1 大匙
奧勒岡葉（oregano） 1 大匙
現磨黑胡椒 ½ 小匙
海鹽
橄欖油 1 大匙
牛排（牛臀部位 rump steak） 400 克，修切過
芝麻葉（rocket），上菜用
醃洋蔥材料：
洋蔥 2 顆，切成厚片
橄欖油，刷油用
麥芽醋（malt vinegar） ¼ 杯（60 毫升）
紅糖（brown sugar） ¼ 杯（55 克）

先製作醃洋蔥。將洋蔥刷上油，每面煎 3-4 分鐘，直到變軟帶點焦色。將醋和糖放入淺碟中混合，放入熱洋蔥，使其均勻沾滿醃汁，加以覆蓋並保溫。將百里香、奧勒岡、胡椒、鹽和油混合後，抹上牛排的兩面，醃 10 分鐘。將炙烤爐或橫紋鍋或碳烤（broiler/char-grill pan/barbecue）以中火燒熱。將牛排每面煎 4 分鐘，或煎到自己喜歡的熟度。切成厚片後，搭配醃洋蔥和芝麻葉上桌。**2 人份**。

香草牛排和醃漬洋蔥
HERB-GRILLED STEAK WITH PICKLED ONIONS

炙烤哈魯米和球莖茴香沙拉
grilled haloumi & fennel salad

橄欖油 ¼ 杯（60 毫升）
現磨黑胡椒 1 大匙
球莖茴香（fennel） 500 克，切片
哈魯米起司（haloumi） 250 克，切片
褐皮西洋梨 1 顆，切薄片
芝麻葉（rocket） 30 克
核桃和細香蔥調味汁材料：
橄欖油 1 大匙
黃檸檬汁 1 大匙
第戎芥末醬 1 小匙
核桃 ½ 杯（25 克）
切碎的細香蔥（chives） 1 大匙

將油、黃檸檬汁、芥末醬、核桃和細香蔥放入碗裡混合均勻，製成調味汁。將油和胡椒放入大碗裡，放入球莖茴香和哈魯米起司，均勻混合。將炙烤爐或橫紋鍋或碳烤（broiler/char-grill pan/barbecue）以中－大火燒熱，將球莖茴香每面煎 2-3 分鐘，直到變軟帶點焦色。加入哈魯米起司，每面煎 1-2 分鐘，直到起司變熱外表呈焦色。將球莖茴香、哈魯米、梨和芝麻葉分層疊放，淋上調味汁後上菜。**2 人份。**

西班牙臘腸沙拉佐紅椒粉調味汁
chorizo salad with paprika dressing

西班牙臘腸（chorizo） 3 條各 150 克，縱切成厚片
紅椒 1 顆，切成 4 等份
小馬鈴薯（baby potatoes） 160 克，煮熟後切片
嫩菠菜葉 80 克
紅椒粉調味汁材料：
煙燻紅椒粉（smoked paprika） 1 小匙
橄欖油 2 大匙
雪莉酒醋或紅酒醋 1 大匙
海鹽和現磨黑胡椒

將紅椒粉、油、醋、鹽和胡椒攪拌混合後，製成調味汁。將炙烤爐或橫紋鍋或碳烤（broiler/char-grill pan/barbecue）以中－大火燒熱。將西班牙臘腸的每面煎 2-3 分鐘，或直到變得酥脆，放置一旁備用。加入甜椒，每面煎 2-3 分鐘，直到帶點焦色。上菜時，將馬鈴薯、菠菜、臘腸和甜椒放到盤子上，淋上調味汁。**2 人份。**

義大利沙拉佐羅勒調味汁
italian salad with basil dressing

麵包 2 片
櫛瓜（courgette） 2 根，切厚片
羅馬番茄（Roma tomatoes） 2 顆，切半
橄欖油 ⅓ 杯（80 毫升），刷油用
海鹽和現磨黑胡椒
大蒜 1 瓣，切半
芝麻葉（rocket） 40 克
去核橄欖（Kalamata olives） ⅓ 杯（55 克）
羅勒調味汁材料：
羅勒葉 ¼ 杯，撕碎
烤過的松子 ¼ 杯
橄欖油 2 大匙
巴薩米可醋 2 大匙

將麵包、櫛瓜和番茄刷上油，撒上鹽和胡椒。將炙烤爐或橫紋鍋或碳烤（broiler/char-grill pan/barbecue）以中－大火燒熱。將櫛瓜、麵包和番茄的兩面都加熱，直到麵包酥脆、蔬菜變軟。將切半的大蒜在麵包上抹一下。將芝麻葉放在盤子上，放上麵包、櫛瓜、番茄和橄欖。將羅勒、松子、油和醋混合，製作調味汁，澆淋在沙拉上。**2 人份**。

迷迭香羊肉漢堡
rosemary lamb burgers

羊絞肉（lamb mince） 400 克
切碎的迷迭香葉 1 小匙
第戎芥末醬 2 大匙
蜂蜜 1 大匙
新鮮麵包粉（breadcrumbs） ½ 杯（35 克）
蛋黃 1 顆
海鹽和現磨黑胡椒
橄欖油，刷油用
土耳其麵包（Turkish bread） 2 片，切半
濃稠原味優格 ¼ 杯（70 克）
黎巴嫩黃瓜（Lebanese cucumber） 1 根，切片
撕碎的薄荷葉 1 大匙
芝麻葉（rocket） 40 克

將羊肉、迷迭香、芥末、蜂蜜、麵包粉、蛋黃、鹽和胡椒，放入碗裡混合均勻。用手塑形成 2 個大肉餅，刷上油。將炙烤爐或橫紋鍋或碳烤（broiler/char-grill pan/barbecue）以中火燒熱，將肉餅每面各煎 5-8 分鐘，或直到喜歡的熟度。將麵包也放到烤爐上烘烤。在 2 片麵包上抹上優格、放上黃瓜、薄荷、肉餅和芝麻葉，再蓋上另一片麵包。**2 人份**。

炙烤豆腐佐辣椒調味汁

GRILLED TOFU WITH CHILLI DRESSING

大蒜巴西里串烤蝦
SKEWERED GARLIC & PARSLEY PRAWNS

炙烤豆腐佐辣椒調味汁
grilled tofu with chilli dressing

乾燥米線（dried rice stick noodles） 100 克
老豆腐（firm tofu） 300 克
蘆筍 12 根
麻油 1 大匙
花生油 1 大匙
辣椒調味汁材料：
長紅辣椒 1 根，切碎
醬油 ¼ 杯（60 毫升）
紅糖 1 大匙
薑泥 2 小匙
切碎的烤花生 2 大匙

先製作辣椒調味汁。將辣椒、醬油、糖、薑泥和花生放入小碗內，備用。將米線放入另一碗中，倒入滾水蓋過，靜置 10 分鐘到米線條條分開變軟，瀝乾。將麻油和花生油混合後，刷上豆腐和蘆筍。將炙烤爐或橫紋鍋或碳烤（broiler/char-grill pan/barbecue）以中－大火燒熱。將豆腐和蘆筍每面煎 3 分鐘，或直到豆腐呈金黃色，蘆筍變軟。上菜時，將米線平均分配到盤子上，放上烤豆腐和蘆筍，淋上辣椒調味汁。**2 人份**。

豆腐能吸收其他材料的美味，是絕材的食材。它也能夠展現出焦糖般的炙烤風味。切記要使用硬度夠的豆腐，標有 silken 或 soft 的嫩豆腐會在料理過程中破碎。

大蒜巴西里串烤蝦
skewered garlic & parsley prawns

生明蝦 12-16 隻，去殼但保留尾部
大蒜 12 小瓣，不去皮
橄欖油 2 大匙
切碎的平葉巴西里葉 1 大匙
海鹽和現磨黑胡椒
黃檸檬角，上菜用

將蝦子和大蒜串在烤肉籤上。將油、巴西里、鹽和胡椒混合，刷在蝦子上。將炙烤爐或橫紋鍋或碳烤（broiler/char-grill pan/barbecue）以中－大火燒熱，將蝦子每面煎 2-3 分鐘，或直到煮熟呈粉紅色。搭配黃檸檬角，連同烤肉籤上菜。**2 人份**。

香草小牛排三明治
herbed veal steak sandwiches

小牛肉薄片（veal schnitzels） 2 片各 200 克
第戎芥末醬 1 大匙
切碎的平葉巴西里葉 1 大匙
切碎的薄荷葉 1 大匙
切碎的細香蔥 1 大匙
麵包 4 片
橄欖油，刷油用
海鹽和現磨黑胡椒
全蛋美乃滋 2 大匙
沙拉葉，上菜用

在小牛肉薄片的單一面抹上芥末醬。將巴西里、薄荷和細香蔥混合後，撒在芥末之上。將小牛肉薄片對折。在小牛肉薄片和麵包上刷橄欖油，撒上鹽和胡椒。將炙烤爐或橫紋鍋或碳烤（broiler/char-grill pan/barbecue）以大火燒熱，將麵包和小牛肉薄片每面煎 2 分鐘，直到麵包帶焦色，小牛肉薄片熟透。在 2 片麵包上抹美乃滋，撒上剩下的香草。放上小牛肉薄片，蓋上另一片麵包，搭配沙拉葉上菜。**2 人份**。

香草小牛排三明治
HERBED VEAL STEAK SANDWICHES

醃料與香料粉
marinades & rubs

多少次你希望自己擁有神奇的魔法仙丹，
能將平凡無奇的食物轉變為令人驚豔的盛宴？
事實上，你還真辦得到，至少是各式各樣的
混合香料和調味，能增添魚、肉和蔬菜的美味。
最棒的消息是，
只要走到食品櫃和香草花園便行啦。

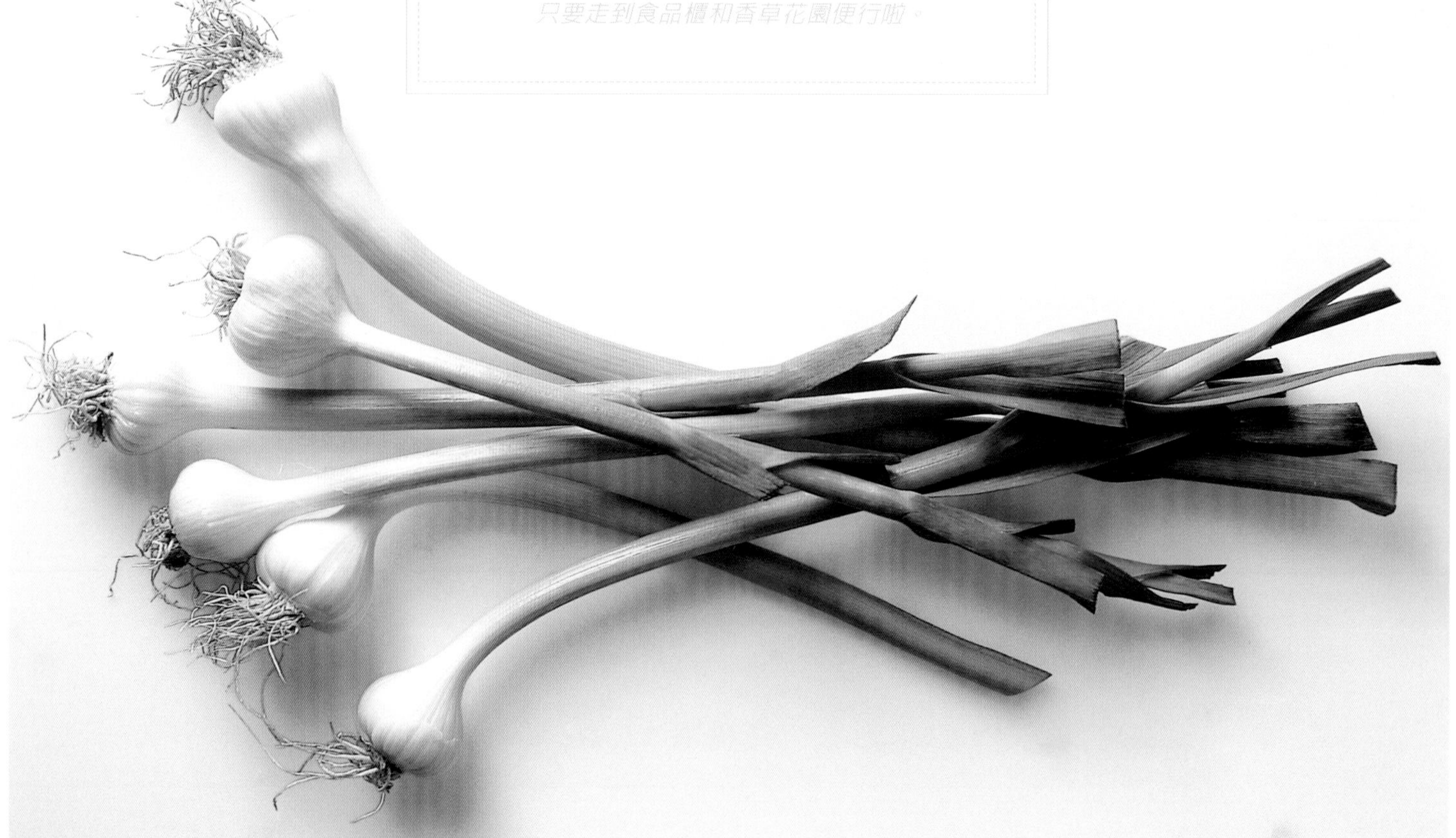

杜松子和鼠尾草醃料
crushed juniper & sage marinade

右圖：用湯匙背面，壓碎 1 大匙的杜松子果（juniper berries），然後放入碗中，和 6 枝鼠尾草、½ 小匙粗海鹽、½ 小匙現磨黑胡椒和少許橄欖油混合。
可當作雞肉、鴨肉、羊肉或豬肉的醃醬。
也可在爐烤前，將醃醬用湯匙淋在肉上，如此風味會在爐烤過程中散發出來。

茴香和奧勒岡香料粉
fennel & oregano rub

下圖：將 2 大匙的茴香籽（fennel seeds）放入乾燥的平底鍋內，以中火加熱 2-3 分鐘，直到傳出香味。
和 1 大匙粗海鹽及 2 大匙奧勒岡葉，一起放入香料磨碎機（spice grinder）中磨碎。可抹在進行爐烤前的豬里脊（pork loin）或豬腿肉上，或抹在豬菲力片、豬排或小肉片上。用在羊腿、羊肉餅（cutlets）或羊排也適合。

美味混合香料的關鍵，不在其種類的多寡，而在於關鍵材料之間的平衡。有些香料組合，早已納入人類烹調傳統中，如茴香籽（fennel）和奧勒岡（oregano），有的則是現代才加以創新運用。

東方香料粉
eastern spice rub

上圖：將 1 大匙切碎的奧勒岡、1 大匙切碎的百里香（thyme）葉、1 大匙芝麻、1 大匙鹽膚木粉（sumac）和 1 小匙粗鹽，放在小碗裡混合。
可用來撒在雞肉、羊肉、海鮮和蔬菜上，再行炙烤、爐烤或油煎。

綜合胡椒粉
mixed pepper rub

左圖：將 2 小匙粗海鹽、1 小匙白胡椒粒和 1 小匙黑胡椒粒，放入研缽內混合，用杵磨碎成粗粒狀。加入 1 大匙瀝乾的綠色胡椒粒，稍微壓碎。
可用來抹在炙烤或爐烤前的牛肉、羊肉、雞肉和豬肉上。

海鮮醬
hoisin marinade

右圖：將 ⅓ 杯（80 毫升）海鮮醬（hoisin sauce）、1 大匙薑泥、½ 小匙中式五香粉（five-spice powder）和 1 小匙麻油，放入小碗裡混合。可用來抹或刷在雞肉、白肉魚片、豬菲力或豬肉片上，再行爐烤、油煎或炙烤。也可在烹調過程中當作不斷澆淋的醃汁（baste）使用。

泰式萊姆香茅醃醬
thai lime & lemongrass marinade

下圖：將 3 根修切過切碎的香茅、2 小匙磨碎的綠萊姆果皮、¼ 杯（60 毫升）綠萊姆汁、1 大匙魚露、2 根長紅辣椒、1 大匙紅糖、1 大匙蔬菜油和 1 大匙薑泥，放入食物處理機內，以時按時停的跳打方式（in bursts）打碎。可抹在雞肉、魚肉和牛肉上。

時間緊湊
並不表示就要犧牲美味。
為了確保醃料能增加
雞、魚等肉類的風味，就要在
表面塗上厚厚的一層，
再行爐烤或炙烤。

泰式甜辣醬
chilli jam marinade

上圖：將 8 根切碎的長紅辣椒、1 顆剝皮洋蔥、2 瓣去皮大蒜、¼ 杯（60 毫升）魚露和 ¼ 杯（55 克）紅糖，放入食物處理機內打碎。接著放入不沾平底鍋內，以中－大火加熱到變得濃縮帶褐色。使用時，抹在雞肉、豬肉火牛肉上，醃約 10 分鐘，再行油煎或炙烤。

烤肉醃醬
barbecue marinade

左圖：將 2 大匙伍斯特辣醬油（Worchstershire sauce）、2 瓣壓碎的大蒜、½ 杯（125 毫升）啤酒、2 大匙濃縮番茄糊（tomato paste）、1 大匙紅糖、海鹽和現磨黑胡椒，放入小碗裡攪拌混合。可當作牛排、羊肉和雞肉的醃醬，或在加熱過程中，持續大量刷上當作醃汁（baste）。

大蒜和迷迭香醃醬
garlic & rosemary marinade

右圖：將 4 瓣切片大蒜、3 根切成 3cm 段長的迷迭香（rosemary）、¼ 杯（60 毫升）橄欖油、1 大匙巴薩米可醋（balsamic vinegar）、1 小匙海鹽和現磨黑胡椒，放入小碗內混合。
可當作羊肉、豬肉和雞肉在炙烤、油煎或爐烤前的醃醬。亦可當作烹調過程中不斷澆淋的醃汁（baste）使用。

煙燻烤肉香料粉
smoky barbecue rub

下圖：混合 1 大匙煙燻紅椒粉（smoked paprika）、1 大匙切碎的百里香（thyme）葉、1 大匙切碎的奧勒岡葉、½ 小匙現磨黑胡椒和 1 小匙粗海鹽。
可大量撒在刷油後的排骨（ribs）、牛肉、豬肉、羊肉、蔬菜、雞塊或去骨肉片上，再進行炙烤、燒烤或油煎。

要使食物充滿辛香，便要使用
風味強烈的香草和辛香料。
想要快速地增加食物風味，
廚師們不會忘記大蒜、
胡椒、鹽、辣椒和黃檸檬等，
都是重要角色。

中式香料鹽和胡椒混合粉
chinese salt & pepper spice mix

上圖：將小型平底鍋以中－大火加熱。加入 1 小匙花椒粒（Sichuan peppercorns）（G）、2 根乾紅辣椒、1 根肉桂棒、1 小匙黑胡椒粒和 2 大匙海鹽。
邊加熱邊拌炒約 4 分鐘，直到香味逸出。放入小型食物處理機或香料研磨器（spice grinder）內，打碎成粗粉末狀。
可在料理前或料理後，撒在海鮮、家禽或豬肉上。

醃檸檬和百里香醃醬
preserved lemon & thyme paste

左圖：將 ⅓ 杯（70 克）切碎的醃黃檸檬（preserved lemon）（G）、2 大匙百里香葉、4 瓣大蒜、粗海鹽、現磨黑胡椒和 ⅓ 杯（80 毫升）橄欖油，放入食物處理機內打碎成膏狀（paste）。
可用來當作魚肉、雞肉或蔬菜的醃醬。也可在進行爐烤前，舀在肉類上，可在烹調加熱中散發香味。

平底鍋搞定

ONE PAN

大鍋菜再也不專屬於露營者和大學生了，

我們在這裡採取了嶄新的做法，創造出一些大膽的

風味並嘗試新口感，保留了大鍋菜的簡單步驟，

但去除了老食譜平淡無味的缺點。

最棒的是，用餐結束後沒有堆積如山的鍋碗瓢盆，

只有一個鍋子需要清洗。

芥末羊肉和迷迭香馬鈴薯
MUSTARD LAMB WITH ROSEMARY POTATOES

香煎魚片和酪梨檸檬莎莎
CRISPY FISH WITH AVOCADO-LEMON SALSA

芥末羊肉和迷迭香馬鈴薯
mustard lamb with rosemary potatoes

奶油 30 克
小馬鈴薯（baby potatoes） 600 克，切厚片
牛骨高湯 ½ 杯（125 毫升）
迷迭香（rosemary）葉 1 大匙
冷凍豌豆 ¾ 杯（90 克）
羊背里脊肉（lamb backstraps） 350 克
全粒芥末籽醬（seed mustard） 2 大匙
紅糖 1 大匙

以中火在中型不沾平底鍋內，加熱奶油。加入馬鈴薯、高湯和迷迭香。蓋上蓋子，煮 10 分鐘，加入豌豆，續煮 3 分鐘，或直到馬鈴薯變軟。從鍋子裡倒出後保溫備用。將平底鍋擦乾，以中－大火加熱。將芥末籽醬和糖混合後，抹在羊肉上。每面煎 4 分鐘，或到自己喜歡的熟度。將羊肉切片後，搭配馬鈴薯和豌豆上菜。**2 人份**。

在這道食譜中，
你可以用小羊排或羊肉餅（lamb chops or cutlets）
來代替羊背里脊肉。在芥末籽醬裡加入糖，
或在甜菜根沙拉裡將糖和巴薩米可醋混合
（見右方食譜），能立即創造出美妙的焦糖風味，
使美味濃縮，
肉和蔬菜也會增添一股濃郁閃亮的光澤。

香煎魚片和酪梨檸檬莎莎
crispy fish with avocado-lemon salsa

白肉魚厚片 2 片各 200 克
海鹽和現磨黑胡椒
橄欖油，油煎用
奶油 30 克
鹽漬酸豆（salted capers） 1½ 大匙，沖洗瀝乾
酪梨檸檬莎莎醬材料：
酪梨 1 小顆，切碎
黃檸檬，1 顆取皮切碎
糖 1 小匙
長紅辣椒 1 根，去籽切片
香菜葉 ¼ 杯
芝麻葉（rocket） 30 克

將酪梨、黃檸檬、糖、辣椒、香菜、芝麻葉、鹽和胡椒放入小碗裡輕輕拌勻，製成酪梨檸檬莎莎醬。現在煎魚，將平底鍋以大火加熱。在魚上撒上鹽和胡椒。將油和魚放入鍋裡，每面煎 4 分鐘，或直到熟透。外表應保持酥脆，內部鮮嫩。將魚放到上菜的盤中。鍋子擦淨後，放入奶油和酸豆，加熱 2 分鐘直到酸豆變得酥脆。將莎莎醬舀在魚上，淋上褐色奶油，撒上酸豆。**2 人份**。

焦糖甜菜根和球莖茴香沙拉
caramelised beetroot & fennel salad

罐頭小甜菜根（baby beetroot） 450 克，瀝乾切半
巴薩米可醋（balsamic vinegar） ⅓ 杯（80 毫升）
紅糖 ¼ 杯（55 克）
球莖茴香（fennel） 2 顆（260 克），切薄片
平葉巴西里葉 ½ 杯
山羊奶起司 150 克

將甜菜根放在廚房紙巾上吸乾水分。以大火加熱不沾平底鍋。放入醋和糖，加熱 3 分鐘，直到變得稍微濃稠。放入甜菜根加熱 1 分鐘，直到熱透沾滿糖醋汁。將茴香、巴西里和起司平均分配到上菜的盤子上，再放上焦糖甜菜根。**2 人份**。

焦糖甜菜根和球莖茴香沙拉
CARAMELISED BEETROOT & FENNEL SALAD

酥脆松子羊小排
lamb cutlets with pine nut crust

松子 ¾ 杯（120 克）
海鹽和現磨黑胡椒
修切過的羊排（lamb cutlets） 6 片各 60 克
橄欖油 1 大匙
奶油 30 克
菠菜葉 150 克
切碎的蒔蘿（dill） 1 大匙

將松子、鹽和胡椒放入研缽內，將松子磨碎成麵包粉般顆粒狀。將羊排壓入松子調味中，充分沾勻。以中火加熱放了油的不沾平底鍋。放入羊排，每面 2 煎分鐘，或直到你喜歡的熟度。盛到溫熱過的盤子上，蓋好備用。在鍋裡融化奶油，加入菠菜和蒔蘿，加熱到變軟。平均分配到上菜的盤子上，再放上羊排。**2 人份**。

反烤香菇塔
mushroom tarte tatin

奶油 50 克
韭蔥（leek） 1 根，修切過並切碎
鮮香菇（field mushrooms） 4 朵，切厚片
百里香（thyme sprigs） 3 枝
海鹽和現磨黑胡椒
市售酥皮（puff pastry） 2 片（25×25cm），解凍
蛋 1 顆，打散成蛋汁，刷表面用

將烤箱預熱到 180°C（355 °F）。將奶油放入直徑 23cm、附耐熱把手的不沾平底鍋內融化，加入韭蔥炒 1 分鐘。將韭蔥倒出，分批加入香菇片，每批炒 2 分鐘。將韭蔥和香菇全倒回鍋內，加入百里香。切下 2 塊直徑 22cm 的圓形酥皮，鋪在鍋中的香菇上方，表面刷上蛋汁。將鍋子送入預熱好的烤箱，烘烤 15-20 分鐘，直到酥皮膨脹呈金黃色。將盤子或網架放在鍋子上方，翻轉過來後，即可上菜。**2 人份**。

快速玉米粥佐香菇與山羊奶起司
fast polenta with mushrooms & goat's cheese

滾水 3 杯（750 毫升）
即時玉米粥（instant polenta） ¾ 杯（125 克）
奶油 75 克
磨碎的帕瑪善起司（parmesan） ⅓ 杯（25 克）
切碎的鼠尾草（sage）葉 1 大匙
百里香（thyme）葉 2 小匙
海鹽和現磨黑胡椒
韭蔥 1 根，切碎
鮮香菇 4 朵，切厚片
巴薩米可醋 ¼ 杯（60 毫升）
細砂糖 2 小匙
軟質的山羊奶起司 100 克

將水放入平底鍋內，以中－大火加熱到沸騰。加入玉米粥，邊加熱邊攪拌，直到變得滑順濃稠。加入 30g 的奶油、帕瑪善、鼠尾草、百里香、鹽和胡椒攪拌，舀到溫熱過的盤子上。鍋子擦乾後，重新加熱。放入剩下的奶油和韭蔥，炒 2 分鐘，加入香菇，續炒 5-7 分鐘，或直到轉成金黃色。加入醋和糖攪拌一下，將炒好的香菇和山羊奶起司放在玉米粥上享用。**2 人份**。

五香雞肉和亞洲風青菜
five-spice chicken & asian greens

不甜的雪莉酒（dry sherry）或紹興酒（G） ¼ 杯（60 毫升）
醬油 ½ 杯（125 毫升）
中式五香粉 1 小匙
薑 2 片
雞高湯 1 杯（250 毫升）
紅糖 1 大匙
雞腿肉 4 片各 140 克，修切過並切半
甘藍菜 350 克，切成三等份
煮好的米飯，上菜用

將雪莉酒、醬油、五香粉、薑片、高湯和糖，放入中型不沾平底鍋內，以大火加熱到沸騰，煮 8-10 分鐘。加入雞肉，小火慢煮（simmer）3 分鐘。將雞肉翻面，加入甘藍菜的莖部，蓋上蓋子，續煮 3-5 分鐘，直到雞肉熟透。取出雞肉，加入甘藍菜的葉片部分，再煮 1 分鐘，直到變軟。在米飯上放雞肉、醬汁和甘藍菜後享用。**2 人份**。

菠菜玉米粥和快速小牛排
SPINACH PAN POLENTA WITH MINUTE STEAKS

豬肉鍋貼佐醬油青蔬
PORK POTSTICKER DUMPLINGS WITH SOY GREENS

菠菜玉米粥和快速小牛排
spinach pan polenta with minute steaks

滾水 3 杯（750 毫升）
即食玉米粥（instant polenta） ¾ 杯（120 克）
奶油 30 克
嫩菠菜葉 100 克
磨碎的帕瑪善起司（parmesan） ⅓ 杯（25 克）
切薄片的肋眼菲力牛排（eye fillet steaks） 6 片各 65 克
海鹽和現磨黑胡椒
額外的奶油 30 克
市售焦糖洋蔥醬（onion marmalade），上菜用

將水放入不沾平底鍋內，以中－大火加熱。加入玉米粥，邊加熱邊攪拌，直到變得滑順濃稠。加入奶油、菠菜和帕瑪善起司，攪拌一下。將玉米粥舀入溫熱過的淺碗中。將鍋子擦乾，重新以大火加熱。在牛排上撒足量的鹽和胡椒。將額外的奶油和牛排放入鍋內，每面煎 30 秒，或直到充分變為褐色（browned）。將牛排盛在玉米粥上，搭配焦糖洋蔥醬上菜。**2 人份**。

即食玉米粥，是我食品櫃中的常備材料，因為它能快速地將簡單的烤肉或燉菜，轉變成豐富的一餐。像薯泥一樣質地滑順、令人滿足，但少了削皮、切塊、瀝水、壓碎等步驟。玉米粥會吸收其他食材的滋味，所以何不添加喜歡的香草或起司等調味，創造自己的拿手菜？

豬肉鍋貼佐醬油青蔬
pork potsticker dumplings with soy greens

豬絞肉 240 克
海鮮醬（hoisin sauce） 1 大匙
薑泥 2 小匙
蔥 2 根，切碎
餛飩皮 12 片
蔬菜油 2 小匙
雞高湯 ½ 杯（125 毫升）
小松菜 350 克
醬油 2 大匙，上菜用

混合絞肉、海鮮醬、薑和蔥。在每塊餛飩皮上，用湯匙舀上肉餡。在邊緣刷上水，對摺輕壓封緊。以中－大火加熱不沾平底鍋。放入油和包好的鍋貼，煎 2 分鐘，直到底部呈焦色。加入高湯和小松菜，蓋上密合的蓋子。煮 6-8 分鐘，中間不要打開蓋子。在小松菜和鍋貼上淋些醬油後即可上菜。**2 人份**。

四川牛肉和薑汁醬油青菜
sichuan beef with ginger-soy greens

花椒 1 大匙
粗海鹽 1 小匙
牛菲力（beef fillet） 400 克
蔬菜油 1 大匙
麻油 2 小匙
薑泥 1 大匙
小青江菜 350 克
醬油 2 大匙
蠔油 2 大匙
糖 1 大匙
水 1 大匙

以大火加熱中型不沾平底鍋。加入花椒和鹽，炒 2-3 分鐘，直到香味逸出。倒入研缽內，磨成細粒狀。讓牛肉均勻沾裹上花椒鹽。將牛肉和油，放入中型不沾平底鍋內，每面煎 3-4 分鐘，或直到自己喜歡的熟度。將牛肉盛到溫熱過的盤子上，蓋好保溫。將麻油和薑放入鍋裡，加熱 1 分鐘。加入青江菜炒 1 分鐘。加入混合好的醬油、蠔油、糖和水，續煮 2-3 分鐘，直到青江菜變軟。上菜時，將青江菜平均分配到盤子上，再盛上切片的牛肉。**2 人份**。

四川牛肉和薑汁醬油青菜
SICHUAN BEEF WITH GINGER-SOY GREENS

馬鈴薯和煙燻鮭魚烘蛋
potato & smoked salmon frittata

酸奶油 ½ 杯（120 克）
黃檸檬汁 1 大匙
馬鈴薯 500 克，削皮後切小塊
奶油 30 克
清水 ¼ 杯（60 毫升）
雞蛋 4 顆
鮮奶油（cream） ¾ 杯（180 毫升）
切碎的蒔蘿葉（dill） 2 大匙
磨碎的黃檸檬果皮 1 小匙
海鹽和現磨黑胡椒
熱煙燻鮭魚（hot-smoked salmon fillet）（G） 175 克，切成小塊

將酸奶油和黃檸檬汁放入小碗裡混合，蓋上保鮮膜，放入冰箱冷藏備用。將馬鈴薯、奶油和水，放入直徑 21cm 的不沾平底鍋內，以中火加熱。蓋上蓋子煮 15 分鐘或直到馬鈴薯變軟，液體蒸發。將蛋、鮮奶油、蒔蘿、黃檸檬果皮、鹽和胡椒攪拌混合。淋在馬鈴薯上，攪拌均勻，在表面放上鮭魚。以小火加熱 5-8 分鐘，或直到表面凝固。放在預熱好的炙烤架（grill）下方，加熱 5-8 分鐘，直到烘蛋轉變成金黃色，完全熟透。搭配黃檸檬酸奶油上桌。**2 人份。**

瑞可塔 - 羅勒雞肉和小番茄
ricotta-basil chicken & wilted tomatoes

新鮮瑞可塔起司（ricotta） 100 克
撕碎的羅勒葉 1 大匙
磨碎的帕瑪善起司 1 大匙
帶皮雞胸肉 2 塊各 200 克
海鹽和現磨黑胡椒
橄欖油 1 大匙
櫻桃番茄 250 克，切半
額外的羅勒葉，上菜用

將烤箱加熱到 160°C（320 °F）。混合瑞可塔起司、撕碎的羅勒和帕瑪善。小心地掀起雞皮的一邊，細心地舀入混合瑞可塔。在雞肉撒上鹽和胡椒。以中－大火，加熱附耐熱把手的中型不沾平底鍋。放入油和雞肉，每面煎 2 分鐘，直到變色。放入番茄，將鍋子送入烤箱烤 10 分鐘，直到雞肉熟透。平均分配到盤子上，以額外的羅勒葉點綴。**2 人份。**

堆疊義式小牛肉和莫札里拉起司
italian veal & mozzarella stack

小牛肉薄片（thin veal steaks） 4 塊各 60 克
奶油 40 克
大蒜 1 瓣，壓碎
磨碎的黃檸檬果皮 1 小匙
黃檸檬汁 1 大匙
番茄 2 顆，切厚片
義大利生火腿（prosciutto） 4 片
水牛乳莫札里拉起司 1 顆，撕成四等分
芝麻葉（rocket） 30 克
羅勒葉 ¼ 杯，撕碎

將附耐熱把手的大型不沾平底鍋，以大火加熱，放入小牛肉，每面煎 30 秒，或直到你喜歡的熟度。將小牛肉從鍋中倒出，保溫備用。加入奶油、大蒜、黃檸檬果皮和黃檸檬汁，加熱到奶油融化，大蒜稍微變色。將小牛肉、番茄、義大利生火腿、莫札里拉、芝麻葉和羅勒，交替疊放在盤中，淋上大蒜奶油。**2 人份**。

羅勒腰果雞肉餅
chicken patties with basil & cashews

市售泰式甜辣醬（chilli jam），或見 58 頁的泰式甜辣醬食譜 1 大匙
雞絞肉 350 克
泰國綠萊姆葉（kaffir lime leaves） 4 片，切絲
蛋白 1 顆
蔬菜油 1 大匙
豌豆莢 100 克，修切過切成長條
羅勒葉 1 杯
烤過的原味腰果 2 大匙，稍微切碎

混合甜辣醬、絞肉、綠萊姆葉和蛋白。用手塑型出 4 塊小肉餅。以中－大火加熱平底鍋。放入油和肉餅，每面煎 3-4 分鐘，直到熟透。加入豌豆莢，續炒 1 分鐘，再加入羅勒攪拌一下。將肉餅和豆莢平均分配到上菜的盤子上，撒上切碎的腰果上菜。**2 人份**。

香料雞佐西班牙臘腸與北非小麥
SPICED CHICKEN & CHORIZO COUSCOUS

回鍋烤排骨
DOUBLE-COOKED STICKY RIBS

香料雞佐西班牙臘腸與北非小麥
spiced chicken & chorizo couscous

洋蔥 1 顆，稍微切碎
雞胸肉 1 片 200 克，切小塊
西班牙臘腸（chorizo） 1 條 150 克，切片
辣椒片 ½ 小匙
大蒜 2 瓣，切片
即食北非小麥（instant couscous） 1 杯（200 克）
雞高湯 1 杯（250 毫升）
清水 ½ 杯（125 毫升）
菠菜葉 100 克
去核橄欖（Kalamata olives） 1 杯（150 克）

將洋蔥、雞肉、臘腸、辣椒和大蒜，放入不沾平底鍋內，以中－大火加熱 5-6 分鐘，直到雞肉變色。再加入北非小麥、高湯和水，蓋上蓋子，以小火慢煮（simmer） 2 分鐘，直到北非小麥變軟。加入菠菜和橄欖拌勻後上菜。**2 人份**。

北非小麥，是準備充分的食品櫃中，另一樣不可缺少的基本食材。除了可做出不同變化的配菜外，也能用來增加湯和燉菜的濃稠度，更是填餡和沙拉最基本的基底材料。我通常喜歡用即食的種類，因為節省了時間和準備工作，但一定會添加濃郁的雞高湯或蔬菜高湯，以增添風味。

回鍋烤排骨
double-cooked sticky ribs

豬肋排（pork spare ribs） 6 根
肉桂棒 1 根
八角 1 顆
薑 3 片
薑汁海鮮醬材料：
海鮮醬（hoisin sauce） ⅓ 杯
醬油 2 大匙
薑泥 2 小匙
中式五香粉 ½ 小匙
紅糖 1 大匙

將排骨放入附耐熱把手的中型不沾鍋內，加入肉桂、八角、薑和足夠的熱水蓋過。以中火慢煮（simmer） 20 分鐘，不要使它沸騰大滾。離火靜置 10 分鐘。將烤箱預熱到 200°C（390°F）。混合海鮮醬、醬油、薑、五香粉和糖，製成醃汁。將排骨瀝乾，捨棄水和香料，用廚房紙巾將排骨擦乾。鍋子擦乾後，放入排骨，刷上醃汁，入烤箱烘烤 35 分鐘，或直到有光澤、邊緣變得酥脆。**2 人份**。

蘋果酒香煎豬排
cider-glazed pork cutlets

豬排（pork cutlets） 4 片各 150 克，修切過
海鹽和現磨黑胡椒
蔬菜油 1 大匙
大蒜 1 瓣，壓碎
鼠尾草（sage）葉 ⅓ 杯
蘋果酒（apple cider） 1 杯（250 毫升）
紅醋栗凍（red currant jelly） ¼ 杯（80 克）
紅酒醋 2 大匙
四季豆（green beans） 150 克，修切過

在豬肉上撒鹽和胡椒。以中火加熱不沾平底鍋，放入豬肉，每面煎 2 分鐘。從鍋中取出豬肉，備用。在鍋中加入大蒜、鼠尾草、蘋果酒、紅醋栗凍和醋，邊攪拌邊加熱，直到濃縮成一半的量。將豬排放回鍋裡，加入四季豆，續煮 5 分鐘，直到豬肉熟透。**2 人份**。

蘋果酒香煎豬排
CIDER-GLAZED PORK CUTLETS

萊姆香茅鮭魚餅
lime & lemongrass salmon cakes

全蛋美乃滋 ½ 杯
綠芥末（wasabi） 1 ½ 小匙
綠萊姆汁 1 小匙
鮭魚片 2 片各 180 克，切成 1cm 的小丁
米粉（rice flour） 1 大匙
蛋白 1 顆
磨碎的綠萊姆果皮 1 小匙
香茅 1 根，切碎
泰國綠萊姆葉（kaffir lime leaves） 3 片，切絲
長紅辣椒 1 根，去籽切碎
海鹽和現磨黑胡椒
蔬菜油，輕度油炸（shallow frying）用
綠萊姆角和沙拉葉，上菜用

將美乃滋、綠芥末和綠萊姆汁放入小碗裡攪拌混合備用。將鮭魚、米粉、蛋白、綠萊姆果皮、香茅、綠萊姆葉、辣椒、鹽和胡椒放入碗裡混合。用手塑形成 4 個魚餅。以中火加熱中型平底鍋，放入油，再放入魚餅，每面煎炸 4 分鐘，直到熟透。搭配綠萊姆角、沙拉葉和萊姆綠芥末美乃滋上菜。**2 人份**。

香菜椰汁雞
coriander & coconut poached chicken

雞胸肉 2 片各 200 克，縱切對半
去皮南瓜 6 薄片（修切後共 420 克）
椰奶 1 杯（250 毫升）
泰國綠萊姆葉（kaffir lime leaves） 4 片
長紅辣椒 1 根，切半
生薑 3 片
魚露 1 大匙
豌豆莢 150 克，修切過
香菜葉，上菜用
煮熟米飯，上菜用
綠萊姆半側（lime cheeks），上菜用

以中－大火加熱不沾平底鍋。加入雞肉，每面煎 1 分鐘，或直到呈金黃色。加入南瓜、椰奶、綠萊姆葉、辣椒、薑和魚露，慢煮 8-10 分鐘，直到南瓜變軟。加入豌豆莢煮 1 分鐘。撒上香菜，搭配米飯和綠萊姆上菜。**2 人份**。

泰式薑汁雞肉沙拉
thai ginger chicken salad

蔬菜油 2 小匙
雞絞肉 350 克
辣椒片 ½ 小匙
泰國綠萊姆葉（kaffir lime leaves） 4 片，切絲（可省略）
綠萊姆汁 2 大匙
魚露 2 大匙
紅糖 1 大匙
薄荷葉 1 杯
額外的蔬菜油 2 大匙
薑絲 2 大匙
爽脆的生菜葉和綠萊姆角，上菜用

以中－大火加熱中型不沾平底鍋。加入油、絞肉和辣椒，邊加熱邊拌炒 5 分鐘，或直到絞肉熟透。加入綠萊姆葉和綠萊姆汁、魚露和糖，炒 1 分鐘並拌勻，離火，加入薄荷拌一下。平均分配到上菜的盤子內。將鍋子擦乾以大火加熱。加入額外的油和薑，炒到薑絲變酥脆。以廚房紙巾吸取多餘的油分，撒在雞肉上。搭配生菜和綠萊姆上菜。**2 人份**。

綠芥末鮭魚佐豌豆泥
wasabi salmon with mushy peas

鮭魚片 2 片各 200 克
綠芥末（wasabi） 2 小匙
海苔（nori）（G） 2 片
橄欖油，刷油用
冷凍豌豆 2 杯（240 克）
奶油 40 克
海鹽和現磨黑胡椒
蔥 1 根，切末
香菜葉，上菜用

將鮭魚刷上芥末，包上海苔，修切邊緣，刷上薄薄的橄欖油。以中－大火加熱中型不沾平底鍋，將鮭魚每面煎 4-5 分鐘，或煎到自己喜歡的熟度。將滾水倒在豌豆上，靜置 3 分鐘，瀝乾。用馬鈴薯搗碎器（potato masher）或手持攪拌器（stick mixer），將豌豆和奶油、鹽和胡椒打成泥，加入蔥拌勻。分配到上菜的盤子中，放上鮭魚，撒上香菜享用。**2 人份**。

巴薩米可雞肉疊疊樂
BALSAMIC CHICKEN STACK

臘腸白豆

SMOKY BAKED BEANS

巴薩米可雞肉疊疊樂
balsamic chicken stack

巴薩米可醋（balsamic vinegar）½ 杯（125 毫升）
奧勒岡（oregano）葉 1 大匙
紅糖 2 大匙
現磨黑胡椒 ½ 小匙
雞胸肉 2 片各 200 克，縱切對半
番茄 1 顆，切片
新鮮莫札里拉起司 1 顆，切半
羅勒葉 ⅓ 杯
橄欖油，澆淋用

將醋、奧勒岡、糖、和胡椒，放入中型不沾平底鍋，以中火加熱 3-4 分鐘，或直到變得稍微濃稠。加入雞肉，每面煎 3 分鐘，直到熟透。將雞肉分配到盤子上。平均分配番茄、莫札里拉起司和羅勒，層疊在雞肉上再淋一點橄欖油即可上菜。**2 人份**。

我最早為流行雜誌寫的專欄裡，就已發表過這道食譜，在我事業發展生活日益繁忙的過程中，一直離不開它。這是一道誘人的餐點，每當我想要快速準備特別的晚餐，仍然常常使用這道配方。我們把材料調整了一下，使用現在容易買得到，新鮮且美味的莫札里拉起司，在數分鐘內即可準備好的強烈風味，仍然和以前一樣。

臘腸白豆
smoky baked beans

洋蔥 1 顆，切碎
西班牙臘腸（chorizo） 2 條各 150 克，切大塊
罐頭奶油豆（butter or Lima beans） 400 克，沖洗瀝乾
義式新鮮番茄泥（tomato passata）(G) 400 毫升
牛高湯 ½ 杯（125 毫升）
煙燻甜味紅椒粉（smoked sweet paprika） ½ 小匙
平葉巴西里葉 ½ 杯
現磨黑胡椒
塗上奶油的吐司，上菜用

以大火加熱中型平底鍋。加入洋蔥和臘腸，炒 5 分鐘，直到變色。加入奶油豆、義式番茄泥、高湯和紅椒粉，慢煮（simmer）7-8 分鐘。加入巴西里和黑胡椒拌勻，搭配吐司上菜。**2 人份**。

香料魚和芝麻薑汁麵
spiced fish with sesame-ginger noodles

麻油 1 小匙
芝麻 1 大匙
薑泥 1 大匙
蔥 3 根，切片
魚露 1 大匙
乾燥米線（dried rice stick noodles） 100 克
紅咖哩醬（red curry paste） 2 小匙
橄欖油 1 大匙
白肉魚片（firm white fish fillets） 2 片各 200 克
香菜葉 ⅓ 杯
薄荷葉 ⅓ 杯

將中型不沾平底鍋，以小火加熱，加入麻油、芝麻、薑泥、蔥和魚露，加熱 2-3 分鐘。從鍋中倒出後，靜置備用。將鍋子擦乾。將米線放入耐熱碗中，倒入滾水蓋過，靜置 10 分鐘，直到米線分離變軟。在碗裡混合咖哩醬和油，刷在魚肉上。將鍋子以小火加熱，放入魚片，每面煎 5 分鐘，或直到熟透。將米線瀝乾，與混合好的薑泥拌勻，分配到盤子上。放上魚肉和兩種香草後上菜。**2 人份**。

香料魚和芝麻薑汁麵
SPICED FISH WITH SESAME-GINGER NOODLES

鄉村慢煮雞肉
rustic simmered chicken

橄欖油 2 大匙
韭蔥（leek）1 根，修切過，切碎
大蒜 2 瓣，切片
義式培根（pancetta） 4 片，切碎
雞腿肉 4 片各 140，切半
麵粉，撒粉用
小蘑菇（button mushrooms） 200 克
小馬鈴薯 4 顆，切成四等份
不甜的（dry）白酒 ½ 杯（125 毫升）
雞高湯 1 杯（250 毫升）
百里香（thyme） 3 枝
茵陳蒿（tarragon） 1 根
鮮奶油 ½ 杯（125 毫升）
海鹽和現磨黑胡椒

以中－大火加熱平底鍋。加入油、韭蔥、大蒜和培根，炒 1 分鐘，直到轉成金黃色。在雞肉表面撒上麵粉，每面煎 2 分鐘，直到轉成金黃色。加入蘑菇，續炒 2 分鐘。加入馬鈴薯、酒、高湯、百里香和茵陳蒿，轉成小火，蓋上蓋子，慢煮（simmer） 25-30 分鐘，直到雞肉變軟。加入鮮奶油、鹽和胡椒拌勻。**2 人份**。

菠菜培根奶油炒蛋
creamy spinach & pancetta eggs

義式培根（pancetta） 4 片，稍微切碎
菠菜葉 100 克
雞蛋 4 顆
鮮奶油（cream） ¾ 杯（180 毫升）
海鹽和現磨黑胡椒
奶油 30 克
磨碎的黃檸檬果皮 1 小匙
磨碎的帕瑪善起司，上菜用
塗上奶油的吐司，上菜用

以中－大火加熱中型不沾平底鍋。加入培根煎 3 分鐘，接著加入菠菜，炒 1-2 分鐘，直到變軟。取出備用。將鍋子擦乾，重新加熱。將雞蛋、鮮奶油、鹽和胡椒攪拌均勻。將奶油放入鍋裡，加熱到融化。加入混合好的蛋液並輕巧地轉動鍋子，使蛋液凝固。加入菠菜輕拌，撒上黃檸檬果皮，搭配帕瑪善起司和吐司上菜。**2 人份**。

菠菜、瑞可塔和培根義式烘蛋
spinach, ricotta & bacon frittata

培根（rashers bacon） 4 片，去除外皮並切碎
菠菜葉 100 克
雞蛋 4 顆
鮮奶 ½ 杯（125 毫升）
鮮奶油（cream） ½ 杯（125 毫升）
海鹽和現磨黑胡椒
新鮮瑞可塔起司（ricotta） 180 克
塗上奶油的吐司，上菜用

將附耐熱把手的小型不沾平底鍋，以中－大火加熱。加入培根煎 4 分鐘，直到稍微變色。加入菠菜炒 1-2 分鐘，直到變軟。將雞蛋、鮮奶、鮮奶油、鹽和胡椒，攪拌混合。倒入鍋裡，將菠菜和培根均勻分布在蛋液裡。舀上數湯匙的瑞可塔起司，以小火加熱 5-8 分鐘，直到鍋邊緣的蛋液凝固。放在預熱好的炙烤架（grill）下方，加熱 5-8 分鐘，直到烘蛋轉成金黃色並定型。切塊後搭配奶油吐司享用。**2 人份。**

茴香脆殼豬排
fennel-crusted pork

茴香籽（fennel seeds） 2 小匙
粗海鹽 1 小匙
現磨黑胡椒 ¼ 小匙
稍微切碎的迷迭香（rosemary）葉 2 小匙
豬里脊（pork fillet） 375 克，修切過
橄欖油 2 小匙
奶油 30 克
白酒醋 1 大匙
紅糖 2 小匙
高麗菜（white cabbage） 400 克，切絲
青蘋果 1 顆，刨絲

將茴香籽、鹽、胡椒和迷迭香放入研缽內，搗碎成粗末。撒在豬肉上。以中－大火加熱不沾平底鍋。放入油和豬肉，每面煎 4 分鐘，或直到你喜歡的熟度。從鍋中取出，放在溫熱過的盤子上蓋好保溫。將鍋子擦乾重新加熱。放入奶油、醋和糖，加熱到奶油融化，糖溶解。加入高麗菜絲和蘋果絲，邊攪拌邊加熱，直到菜絲變軟。搭配切片好的豬肉上菜。**2 人份。**

快速絕招

CHEATS 3.

沙拉配菜
salad sides

如果想要端出令人印象深刻的料理，就要配上
適當的周邊要素。就像基本的服裝，
若是搭配上出色的鞋子和首飾，便能吸引目光。
一道精心準備的沙拉，也能使簡單的烤肉從平淡
變得精采。只要使用最新鮮的食材，
就能輕鬆地讓大家驚嘆滿足。

薄荷和櫛瓜沙拉佐焦糖黃檸檬
mint & zucchini salad with caramelised lemon

右圖：用蔬菜削皮刀，將 4 根櫛瓜（courgette）削成緞帶薄片。加入 ½ 杯稍微切碎的薄荷葉、1 大匙橄欖油、海鹽和現磨黑胡椒拌勻。將黃檸檬切半，切面朝下，放入熱不沾鍋中，加熱 3 分鐘，直到變色。將焦糖化的黃檸檬擠在沙拉上，搭配帕瑪善起司薄片上菜。**4 人份。**

芝麻葉、無花果和義大利生火腿沙拉
rocket, fig & prosciutto salad

下圖：將 4 片義大利生火腿（prosciutto）放在砧板上。在每片火腿上放 1 小把芝麻葉（rocket）、半顆無花果（fig）、切片莫札里拉起司（水牛乳或牛乳製的均可）。撒上足量的巴薩米可醋、特級初榨橄欖油、粗海鹽和足夠的現磨黑胡椒。將火腿捲起來後上菜。**4 人份。**

番茄夾羅勒沙拉
basil-spiked tomatoes

上圖：在 4 顆牛番茄（ox heart or heirloom tomatoes）上，深切十字形。填入 2 根羅勒、撒上鹽和胡椒。將 ¾ 杯（180 毫升）橄欖油和 ½ 杯羅勒葉放入鍋子裡，以小火加熱 5 分鐘，直到橄欖油變熱。靜置15分鐘後過濾，保留濾出的油備用。將 1 杯額外的汆燙過的羅勒葉和 1 ½ 大匙額外的橄欖油，放入果汁機裡打成泥狀。加入先前濾出的羅勒油中拌勻，再淋在番茄上。**4 人份。**

豌豆莢沙拉
snow pea salad

左圖：以滾水汆燙 250g 豌豆莢 1 分鐘。瀝乾，以冷水沖洗一下，放入碗裡，加入 30g 嫩豌豆苗（pea shoots）和 1 根紅辣椒片。將 2 大匙醬油、1 大匙黃檸檬汁和 2 大匙紅糖混合後，澆淋在沙拉上，即可上菜。**4 人份。**

菠菜佐芝麻味噌調味汁
spinach with sesame miso dressing

右圖：混合 2 大匙白味噌（G）、½ 小匙麻油、2 小匙紅糖、¼ 杯（60 毫升）清水、1 大匙烘烤過的芝麻，和 1 根蔥花。將調味汁澆淋在 150g 嫩菠菜葉、或清脆沙拉葉後上菜。這款調味汁，也很適合舀在爐烤雞肉、豆腐、蔬菜或海鮮上。**4 人份**。

薄荷和酪梨北非小麥沙拉
mint and avocado couscous salad

下圖：將 1 杯（200 克）即食北非小麥放入耐熱小碗中。倒入 1 ¼ 杯（310 毫升）熱雞高湯，放上 30 克奶油。用保鮮膜包緊，靜置 5 分鐘，直到高湯被完全吸收。加入 1 杯撕碎薄荷葉、¼ 顆酪梨和 2 大匙稍微烘烤過的松子。混合 1 大匙蜂蜜、2 大匙黃檸檬汁、海鹽和現磨黑胡椒，澆淋在沙拉上。**4 人份**。

創造出一道沙拉的靈感
也許很簡單，
但食材的搭配能將平凡
轉變成驚人美味。
不同的口感和風味，
變化出餐桌上的美味組合。

香草米麵沙拉
herbed risoni salad

上圖：將 1 杯（220 克）米麵（risoni）放入加鹽的沸水中，煮到彈牙口感，瀝乾，用清水沖洗。將煮好的米麵，混合 2 大匙橄欖油、1 大匙黃檸檬汁、½ 杯稍微切碎的巴西里葉、½ 杯稍微切碎的薄荷葉、1 大匙稍微切碎的蒔蘿葉（dill）、粗海鹽和現磨黑胡椒。搭配爐烤肉類、魚和雞肉，當作配菜。**4 人份**。

辛香鷹嘴豆和紅蘿蔔沙拉
spiced chickpea & carrot salad

左圖：將 2 大匙橄欖油，放入小型平底鍋內，以中火加熱。加入 2 瓣壓碎的大蒜、1 小匙小茴香粉（cumin）、1 小匙香菜籽粉（ground coriander），和 1 小匙煙燻紅椒粉（smoked paprika）。加熱 1 分鐘後，倒在 400 克沖洗瀝乾的罐頭鷹嘴豆（chickpeas）上。加入 2 根刨絲的紅蘿蔔、1 大匙白酒醋和 1 大匙蜂蜜，拌勻即可上桌。**4 人份**。

萵苣佐白脫鮮奶調味汁
lettuce with buttermilk dressing

右圖：將 ⅓ 杯（80 毫升）白脫鮮奶（buttermilk）、⅓ 杯（95 克）天然濃稠優格、1 瓣壓碎大蒜、2 大匙切碎的細香蔥（chives）、鹽和胡椒，放入碗裡攪拌均勻。上菜時，將調味汁舀在切塊的萵苣（iceberg lettuce）或清脆沙拉葉上。這款調味汁也很適合搭配高麗菜絲沙拉（coleslaw）。**4 人份**。

茴香、巴西里和費達起司沙拉
fennel, parsley & feta salad

下圖：將 2 顆修切過的球莖茴香切絲，放在上菜的盤子上。混合 2 大匙的蘋果酒醋、2 大匙橄欖油、海鹽和現磨黑胡椒，澆淋在茴香絲上。撒上 ¾ 杯平葉巴西里葉。加上 200 克捏碎的費達起司後上菜。**4 人份**。

醃西洋芹和山羊奶起司沙拉
marinated celery & goat's cheese salad

上圖：將 6 根西洋芹，用蔬菜削皮刀削出緞帶薄片，放入碗裡，和 ¼ 杯（60 毫升）黃檸檬汁和 2 大匙稍微切碎的蒔蘿混合，靜置 10 分鐘。撒上橄欖油、海鹽和現磨黑胡椒，放上硬質山羊奶起司切片，即可上桌。**4 人份**。

黃瓜沙拉佐芝麻醬調味汁
cucumber salad with tahini dressing

左圖：將 2 根切片的黎巴嫩小黃瓜（Lebanese cucumbers）、60g 嫩菠菜葉和 2 大匙稍微撕碎的薄荷葉，放在上菜的碗裡。將 ¼ 杯（70 克）芝麻醬（tahini）、¼ 杯（60 毫升）清水、¼ 杯（60 毫升）黃檸檬汁、1 瓣壓碎大蒜、海鹽和現磨黑胡椒，放入碗裡攪拌混合。澆淋在黃瓜沙拉上即可上菜。**4 人份**。

一鍋完成

ONE POT

下廚做菜是很好的放鬆方式，尤其在一天的尾聲，

然而滿足口腹之慾後，

待洗的鍋盤可就不怎麼令人愉快。

利用以下的食譜，可避免堆積如山的碗盤，

只要一個鍋子，就能變出美味豐富的一餐，

清洗工作更是無比的輕鬆。

櫻桃番茄義大利麵
SQUASHED CHERRY TOMATO SPAGHETTI

馬鈴薯和牛肝蕈濃湯

CREAMY POTATO & PORCINI SOUP

櫻桃番茄義大利麵
squashed cherry tomato spaghetti

義大利直麵 200 克
橄欖油，澆淋用
奶油 30 克
大蒜 2 瓣，壓碎
巴薩米可醋 2 大匙
櫻桃番茄 500 克
撕碎的羅勒葉 1 杯
磨碎的帕瑪善起司，上菜用

將義大利直麵放入一大鍋加鹽的滾水中，煮 10-12 分鐘或直到彈牙。瀝乾後淋上橄欖油，保溫備用。將鍋子放回爐子上，加熱奶油、大蒜、醋和番茄，加熱 4 分鐘或直到番茄熱透稍微變軟。加入義大利直麵，拌上羅勒。撒上帕瑪善起司後上菜。**2 人份**。

櫻桃番茄和葡萄番茄（cherry and grape tomatoes）的熟成季節較長，比大型的帶藤番茄來得甜。若將櫻桃番茄的種籽擠掉，就去除了多餘水份汁液以及有時會帶點苦味的種籽，因此它的香甜清新風味會更加濃縮。

馬鈴薯和牛肝蕈濃湯
creamy potato & porcini soup

乾燥牛肝蕈（dried porcini mushrooms）（G） 25 克
滾水 1 ½ 杯（375 毫升）
橄欖油 1 大匙
韭蔥 1 根，切碎
百里香（thyme） 3 枝
粉質（starchy）馬鈴薯 750 克，去皮切丁
雞高湯 1 公升
鮮奶油（cream） ¼ 杯（60 毫升）
海鹽和現磨黑胡椒
烤過的酸種麵包（sourdough）厚片，上菜用
磨碎的帕瑪善起司，上菜用

將乾燥牛肝蕈放入耐熱碗中，倒入滾水蓋過，靜置 10 分鐘，瀝乾預留 1 杯（250 毫升）浸泡後的牛肝蕈水。將牛肝蕈切片。將平底深鍋以中火加熱，倒入油、韭蔥和百里香，炒 5 分鐘，直到韭蔥變軟呈金黃色。轉成大火，加入切片的牛肝蕈、馬鈴薯、高湯和預留的水。煮 30-35 分鐘，直到馬鈴薯開始崩碎，使湯濃稠。撈出百里香枝，加入鮮奶油、鹽和胡椒拌勻。搭配酸種烤麵包片和帕瑪善起司上菜。**2 人份**。

培根蛋汁寬麵
pappardelle carbonara

義大利寬麵（pappardelle） 200 克
蛋黃 2 顆
鮮奶油（cream） ¾ 杯（180 毫升）
磨碎的帕瑪善起司 ⅓ 杯（25 克）
現磨黑胡椒
義大利生火腿（prosciutto） 4 片
額外的磨碎帕瑪善起司，上菜用

將義大利寬麵放入一大鍋加鹽的滾水中，煮 10-12 分鐘或直到彈牙。瀝乾，倒回鍋裡，以最小火加熱。混合蛋黃、鮮奶油、帕瑪善起司和胡椒，淋在義大利麵上，邊加熱邊攪拌 1-2 分鐘，直到醬汁稍微濃稠。平均分配到上菜的碗裡，放上生火腿並撒上額外的帕瑪善起司後上菜。**2 人份**。

培根蛋汁寬麵
PAPPARDELLE CARBONARA

中式雞肉煲飯
chinese chicken hotpot

雞高湯 2 ½ 杯（625 毫升）
生薑 3 片
大蒜 3 瓣，拍碎去皮
茉莉香米 1 ¼ 杯（250 克）
去骨雞腿肉 3 片各 140 克，切半
豌豆莢 100 克，修切過
醬油，上菜用
蔥薑調味汁材料：
蔥 1 根，修切過，切蔥花
薑泥 1 大匙
蔬菜油 2 大匙
切碎的香菜葉 2 大匙
粗海鹽 ½ 小匙

先製作蔥薑調味汁，將所有的材料在小碗裡混合，備用。將高湯、薑和大蒜，放入中型鍋子裡，加熱到沸騰。加入米，再度加熱至沸騰。加入雞肉，蓋上密合的蓋子，以小火加熱 10 分鐘。離火，加入豌豆莢，靜置 5 分鐘，或直到液體被完全吸收。淋上蔥薑調味汁和醬油後上菜。**2 人份**。

豬肉和番薯紅咖哩
pork & sweet potato red curry

蔬菜油 1 大匙
泰式紅咖哩醬 1 ½ 大匙
洋蔥 1 顆，切塊
薑泥 2 小匙
橘肉番薯（kumara） 250 克，切薄片
椰奶 1 杯（250 毫升）
雞高湯 1 杯（250 毫升）
豬里脊（pork fillet） 350 克，切薄片
羅勒葉 ½ 杯
香菜葉 ½ 杯

將油倒入中型平底深鍋內，以中火加熱。加入咖哩醬炒 1 分鐘，直到香味散出。加入洋蔥和薑，炒 2 分鐘。加入番薯、椰奶和高湯，慢煮（simmer）8 分鐘，直到番薯開始變軟。加入豬肉煮 4 分鐘，直到剛好熟透。將咖哩舀入上菜的碗裡，放上羅勒和香菜即可上桌。**2 人份**。

酸辣炸魚配粄條
chilli vinegar crispy fish with noodles

新鮮粄條（wide rice noodles）300 克
蔬菜油，油炸用
質地結實的白肉魚 350 克，切小塊
米粉（rice flour）½ 杯（100 克）
中式五香粉 ½ 小匙
香菜葉 ½ 杯
醬油，上菜用
辣椒醋材料：
白醋 ½ 杯（125 毫升）
糖 ½ 杯（110 克）
長紅辣椒 3 根，切片
薑絲 1 大匙

先製作辣椒醋。將醋、糖、辣椒和薑，放入鍋子裡，以中火加熱 8-10 分鐘，直到呈糖漿狀，倒入碗裡備用。將粄條放入碗裡，注入滾水蓋過，一邊攪拌將粄條分開，瀝乾備用。將鍋子洗淨擦乾，裝滿 ⅓ 高度的油，以中火加熱。將米粉和五香粉混合，用來沾裹上魚肉。分批油炸到酥脆熟透，瀝乾。在粄條上撒上香菜和醬油，再加上炸好的魚肉和辣椒醋。**2 人份**。

香茅雞肉餛飩湯
lemongrass chicken wonton soup

雞絞肉 200 克
香茅 1 根，切碎
薑泥 2 小匙
蛋白 1 顆
餛飩皮 12 片
雞高湯 1 公升
生薑 2 片
泰國綠萊姆葉（kaffir lime leaves） 2 片，撕碎
長紅辣椒 1 根，切片
甘藍菜 350 克

混合絞肉、香茅、薑和蛋白。在每片餛飩皮放上 1 大匙的雞絞肉。在邊緣刷上水，對摺壓緊包起成餛飩狀。將高湯、薑、綠萊姆葉和辣椒，放入平底深鍋內，以中－大火加熱至微滾（simmering）狀態。加入餛飩，慢煮 6 分鐘到幾乎煮熟。加入甘藍，續煮 2 分鐘。將餛飩平均分配到上菜的碗裡，搭配湯和甘藍上菜。**2 人份**。

馬鈴薯雞肉沙拉佐莎莎青醬
POTATO & CHICKEN SALAD WITH SALSA VERDE

筆管麵佐芝麻葉、帕瑪善起司和橄欖
PENNE WITH ROCKET, PARMESAN & OLIVES

馬鈴薯雞肉沙拉佐莎莎青醬
potato & chicken salad with salsa verde

馬鈴薯（kipfler 品種） 6 顆
薄荷 1 枝
煮熟的雞胸肉 2 片各 200 克，撕成雞絲
鹽漬酸豆（salted capers）1 大匙，沖洗瀝乾
嫩芝麻葉（rocket） 60 克
莎莎青醬材料：
平葉巴西里葉 1 杯
薄荷葉 1 杯
蒔蘿（dill sprigs） ½ 杯
橄欖油 ¼ 杯（60 毫升）
第戎芥末醬（Dijon mustard） 1 大匙
黃檸檬汁 1 大匙
現磨黑胡椒

先製作莎莎青醬。將巴西里、薄荷、蒔蘿、油、芥末醬、黃檸檬汁和胡椒，放入食物處理機內，以時轉時停跳打的方式稍微切碎備用。將馬鈴薯和薄荷放入平底深鍋內，注入剛好蓋過的清水，煮 15 分鐘，直到馬鈴薯變軟。瀝乾，去除薄荷。將馬鈴薯切半，放回仍溫熱的鍋中，加入雞肉和酸豆，以小火加熱並充分混合。加入莎莎青醬拌勻。將芝麻葉平均放到上菜的碗裡，再放上雞肉和馬鈴薯沙拉。**2 人份**。

莎莎青醬是冰箱裡非常有用的常備調味品，能夠快速地為各式菜餚增添風味。可以拌在熱呼呼的義大利麵上，或直接用來搭配炙烤或爐烤魚類、雞肉、牛肉或蔬菜。更好的是，莎莎青醬可以事先做好，放入冰箱，冷凍保存一周。

筆管麵佐芝麻葉、帕瑪善起司和橄欖
penne with rocket, parmesan & olives

筆管麵（penne） 200 克
橄欖油 1½ 大匙
大蒜 2 瓣，壓碎
鯷魚 2 片，切碎
去核小黑橄欖 ½ 杯（60 克），切碎
磨碎的黃檸檬果皮 1 小匙
撕碎的芝麻葉（rocket） 2 杯
磨碎的帕瑪善起司 ½ 杯（40 克），上菜用

將筆管麵放入一大鍋加鹽的滾水中，煮 10-12 分鐘或直到彈牙。瀝乾備用。將鍋子重新加熱，加入油、大蒜、鯷魚、橄欖和黃檸檬果皮，炒 2 分鐘。將筆管麵放回鍋裡拌炒。加入芝麻葉拌勻。平均分配到上菜的碗裡，撒上磨碎的帕瑪善起司後上菜。**2 人份**。

培根、鼠尾草和瑞可塔起司義大利麵
pancetta, sage & ricotta pasta

短管麵（rigatoni）或短義大利麵 200 克
奶油 15 克
橄欖油 1 小匙
鼠尾草（sage）葉 8 片
義式培根（pancetta） 8 片，切成寬段
切半的綠橄欖 ½ 杯（60 克）
乾燥辣椒片 1 小撮
磨碎的黃檸檬果皮 1 大匙
黃檸檬汁 2 大匙
新鮮瑞可塔起司（ricotta） 150 克
磨碎的帕瑪善起司，上菜用

將義大利麵放入一大鍋加鹽的滾水中，煮 10-12 分鐘或直到彈牙。瀝乾備用。將鍋子重新加熱，放入奶油、油、鼠尾草和義式培根，炒 3 分鐘，直到培根酥脆。加入橄欖、辣椒、黃檸檬果皮、黃檸檬汁和義大利麵，拌勻。放到上菜的碗裡，舀上瑞可塔起司，撒上帕瑪善起司即可享用。**2 人份**。

培根、鼠尾草和瑞可塔起司義大利麵
PANCETTA, SAGE & RICOTTA PASTA

芝麻葉和明蝦細扁麵
shredded rocket & prawn linguine

義大利細扁麵（linguine） 200 克
橄欖油 2 大匙
大蒜 4 瓣
生明蝦 12 隻，去殼切半
磨碎的黃檸檬果皮 1 小匙
乾燥辣椒片 ½ 小匙
海鹽和現磨黑胡椒
芝麻葉（rocket） 50 克，切絲
擠些黃檸檬汁，上菜用

將義大利細扁麵放入一大鍋加鹽的滾水中，煮 10-12 分鐘或直到彈牙。瀝乾，保溫備用。將鍋子重新以中－大火加熱，加入橄欖油、大蒜、蝦、黃檸檬果皮、辣椒、鹽和胡椒，炒 2 分鐘，直到蝦子剛煮熟呈粉紅色。倒入細扁麵中，和芝麻葉及黃檸檬汁一起拌勻，立即上菜。**2 人份**。

大蒜番茄燉魚
garlic & tomato fish stew

橄欖油 1 大匙
大蒜 4 瓣，壓碎
磨碎的黃檸檬果皮 1 小匙
洋蔥 ½ 顆，切絲
不甜的白酒 ½ 杯（125 毫升）
魚高湯或蔬菜高湯 ½ 杯（125 毫升）
去皮番茄罐頭 400 克，壓碎
小馬鈴薯 6 顆，切四等份
質地結實的白肉魚 350 克，切成大塊
海鹽和現磨黑胡椒
平葉巴西里葉 ⅓ 杯，撕碎
香脆麵包，上菜用

以中火加熱中型平底深鍋。加入油、大蒜、黃檸檬果皮和洋蔥，炒 2 分鐘直到洋蔥變軟。加入白酒續煮 3 分鐘。加入高湯、番茄和馬鈴薯，蓋上蓋子，慢煮（simmer）8 分鐘。加入魚、鹽和胡椒，煮 4 分鐘，直到魚肉熟透。舀到碗裡，加上巴西里，搭配麵包上菜。**2 人份**。

義大利馬鈴薯餃佐黃檸檬與芝麻葉

gnocchi with lemon & wilted rocket

馬鈴薯餃（ghocchi） 450 克
鮮奶油（cream） ½ 杯（125 毫升）
黃檸檬汁 1 大匙
磨碎的黃檸檬果皮 2 小匙
撕碎的芝麻葉（rocket） 2 杯
海鹽和現磨黑胡椒
磨碎的帕瑪善起司，上菜用

將馬鈴薯餃放入一大鍋加鹽的滾水中，煮到變軟。瀝乾，保溫備用。將鍋子重新加熱，加入鮮奶油、黃檸檬汁和黃檸檬果皮。加入芝麻葉、鹽、胡椒和馬鈴薯餃拌勻。平均分配到上菜的盤子裡，撒上磨碎的帕瑪善起司後上菜。

2 人份。

甜辣醬明蝦佐泰國米飯

chilli jam prawns with thai rice

茉莉香米 1 ½ 杯（300 克）
清水 2 ¼ 杯（560 毫升）
椰奶 ½ 杯（125 毫升）
香茅 1 根，修切過後切碎
薑泥 1 大匙
泰國綠萊姆葉（kaffir lime leaves） 3 片，切絲
海鹽
生明蝦 12 隻，去頭去殼留尾
薑泥 2 小匙
泰式甜辣醬（chilli jam）（G） 2 大匙
香菜葉和綠萊姆角，上菜用

將米、水、椰奶、香茅、薑、綠萊姆葉和鹽，放入平底深鍋內，以中火加熱。沸騰後煮 12 分鐘，或直到米飯膨漲，大部分的液體被吸收。將蝦子和薑泥及甜辣醬拌勻，放在米飯上。蓋上蓋子，續煮 2 分鐘。離火，靜置 3 分鐘，不要取下蓋子。搭配香菜葉和綠萊姆角後直接上菜。

2 人份

三種起司義大利餃佐奶油菠菜
THREE-CHEESE RAVIOLI WITH BUTTERED SPINACH

羊小排和印度香料飯
LAMB CUTLETS WITH INDIAN-SPICED RICE

三種起司義大利餃佐奶油菠菜
three-cheese ravioli with buttered spinach

新鮮瑞可塔起司（ricotta） 170 克
磨碎的格魯耶起司（gruyère） ½ 杯（60 克）
磨碎的帕瑪善起司 ½ 杯（40 克）
蛋黃 1 顆
磨碎的黑胡椒
切碎的細香蔥（chives） 2 大匙
餛飩皮 24 片
奶油 30 克
大蒜 1 瓣，壓碎
嫩菠菜葉 200 克
去皮杏仁片 ¼ 杯（20 克），烘烤過
橄欖油，澆淋用
額外的磨碎帕瑪善起司，上菜用

將瑞可塔起司、格魯耶起司、帕瑪善起司、蛋黃、胡椒和細香蔥，放入碗裡，攪拌混合。用湯匙分別舀在 12 張餛飩皮中央，在邊緣刷上水，蓋上另外 12 張餛飩皮壓緊包好。在中型平底深鍋內加入水並煮沸加鹽，以中－大火加熱，加入餛飩皮製成的義大利餃煮 3 分鐘，直到浮起變軟。瀝乾後備用。將鍋子重新加熱，加入奶油和大蒜，炒 1 分鐘。加入菠菜邊攪拌，續炒 1 分鐘或直到變軟。將菠菜盛到上菜的碗裡，加上杏仁，放上餛飩，淋上橄欖油，搭配額外的帕瑪善起司上菜。**2 人份**。

餛飩皮是用途極廣的食材，免去親手擀製義大利餃（ravioli and tortellini）麵皮的麻煩，可油炸做成酥脆的甜食或鹹食，也可鋪在馬芬模上，做成盛裝開胃點心的小杯狀。記得選購雞蛋製的餛飩皮，口感和風味較佳。

羊小排和印度香料飯
lamb cutlets with indian-spiced rice

市售坦都里醬（tandoori paste） 2 大匙
羊小排（lamb cutlets） 6 片
橄欖油 1 大匙
香料飯材料：
橄欖油 1 大匙
洋蔥 1 顆，切成楔形片
大蒜 2 瓣，切片
小茴香籽（cumin seeds） ½ 小匙
小荳蔻莢（cardamom pods） 2 根，拍裂
長梗米 1 杯（200 克）
雞高湯 1 ¾ 杯（430 毫升）
烘烤過的杏仁角（silvered almonds） ¼ 杯（35 克）
海鹽
切碎的香菜葉 ¼ 杯
醃綠萊姆（lime pickle）和市售希臘黃瓜優格醬（tzatziki），上菜用

以中－大火加熱平底深鍋。將坦都里醬抹在羊排上。在鍋裡加入 ½ 大匙的油和 3 片羊排，每面煎 1 分鐘直到呈褐色。以同樣的步驟，用油來煎完剩下的羊排。將羊排放到盤子上，蓋好保溫。現在製作香料飯。將鍋子清洗乾淨，用中火加熱。加入油、洋蔥、大蒜、小茴香籽和小荳蔻莢，炒 1 分鐘直到香味散出。加入米，炒 1 分鐘。加入高湯，煮到米粒間產生空隙。放上羊排，蓋上密合蓋子，以極小火加熱 2 分鐘。離火，靜置 3 分鐘。上菜時，將杏仁角、鹽和香菜，加入米飯中攪拌一下，盛到上菜的盤子裡。放上羊排，搭配醃綠萊姆和黃瓜優格醬上菜。**2 人份**。

檸檬鮭魚義大利麵
lemon salmon pasta

細義大利麵（thin spaghetti） 200 克
鮮奶油 ¼ 杯（60 毫升）
黃檸檬汁 2 大匙
第戎芥末醬（Dijon mustard） 2 小匙
稍微切碎的蒔蘿（dill） 1 大匙
鹽漬酸豆（capers） 1 大匙，沖洗瀝乾
熱煙燻鮭魚片（hot-smoked salmon fillet） 175 克，分成小片

將義大利麵放入一大鍋加鹽的滾水中，煮 10-12 分鐘直到彈牙。瀝乾，將鍋子重新加熱。在義大利麵裡加入鮮奶油、黃檸檬汁和芥末，拌勻。放入蒔蘿、酸豆和鮭魚並拌勻，立即上菜。**2 人份**。

檸檬鮭魚義大利麵
LEMON SALMON PASTA

完美一鍋烤全雞
perfect pot roast chicken

全雞 1.5 公斤
大蒜 1 顆，切半
小馬鈴薯 6 顆
檸檬百里香（lemon thyme） 12 枝
雞高湯 ¾ 杯（180 毫升）
不甜的（dry）白酒 ¼ 杯（60 毫升）
海鹽和現磨黑胡椒

將烤箱預熱到 160°C（320 °F）。將全雞（雞胸肉朝下）放入附有密合蓋子的深口鍋子內。放入大蒜、馬鈴薯、百里香、高湯和酒。撒上鹽和胡椒，蓋上蓋子。烤 1 小時後取下蓋子，續烤 15 分鐘，直到雞肉呈金黃色。分切雞肉後，搭配烤馬鈴薯、大蒜和鍋底雞汁上菜。

2 人份，還會有剩下的雞肉。

塊根芹濃湯佐鼠尾草棕奶油
celeriac soup with sage brown butter

橄欖油 2 小匙
洋蔥 1 顆，切碎
馬鈴薯 200 克，去皮切丁
塊根芹（celeriac） 500 克，去皮切丁
雞高湯或蔬菜高湯 3 杯（750 毫升）
鮮奶油（cream） ½ 杯（125 毫升）
海鹽和現磨黑胡椒
鼠尾草棕奶油材料：
奶油 30 克
鼠尾草（sage）葉 8 片

以中－大火加熱平底深鍋。加入油和洋蔥，炒 3 分鐘直到洋蔥變軟。加入馬鈴薯、塊根芹和高湯，加熱到沸騰。蓋上蓋子，慢煮（simmer）15 分鐘，直到蔬菜變軟。離火，加入鮮奶油、鹽和胡椒攪拌。用手持攪拌器打成濃湯狀。舀入上菜的碗裡。現在製作鼠尾草棕奶油。將鍋子清洗乾淨，重新加熱。加入奶油和鼠尾草，直到奶油呈深金黃接近棕色，鼠尾草變酥脆。將鼠尾草棕奶油舀到濃湯上，立即上菜。**2 人份。**

青花菜、杏仁和檸檬義大利麵
broccoli, almond & lemon pasta

貓耳麵（orecchiette）或其他短義大利麵 200 克
奶油 30 克
大蒜 2 瓣，壓碎
磨碎的黃檸檬果皮 1 小匙
綠花椰菜小株 200 克
黃檸檬汁 1 大匙
雞高湯或蔬菜高湯 ¼ 杯（60 毫升）
海鹽和現磨黑胡椒
杏仁角 ¼ 杯（35 克），適量上菜用
磨碎的帕瑪善起司，上菜用

將貓耳麵放入一大鍋加鹽的滾水中，煮 10-12 分鐘或直到彈牙。瀝乾備用。將鍋子重新加熱，加入奶油、大蒜和黃檸檬果皮，炒 1 分鐘。加入綠花椰菜，炒 3-4 分鐘，直到剛變軟。加入黃檸檬汁、高湯、鹽、胡椒和義大利麵，拌勻。分裝到上菜的碗裡，加上杏仁角和帕瑪善起司後上菜。**2 人份**。

南瓜和鷹嘴豆咖哩
pummpkin & chickpea curry

蔬菜油 1 大匙
紅洋蔥 1 顆，切片
紅咖哩醬（red curry paste） 2 大匙
罐頭鷹嘴豆（chickpeas） 400 克，瀝乾
南瓜 600 克，去皮後切塊
茄子 230 克，切塊
椰奶 400 毫升
蔬菜高湯 1 杯（250 毫升）
羅勒葉 1 杯
綠萊姆角和煮好的米飯，上菜用

將油倒入平底深鍋內，以中－大火加熱。加入洋蔥和咖哩醬，炒 2 分鐘，直到洋蔥變軟。加入鷹嘴豆、南瓜、茄子、椰奶和蔬菜高湯。慢煮（simmer）到南瓜變軟。加入羅勒，搭配綠萊姆角和米飯上菜。**2 人份**。

炸槍烏賊佐酥脆香草和韭蔥
SQUID WITH CRISPY HERBS & LEEK

夏日香草義大利麵
PASTA WITH SUMMER HERBS

炸槍烏賊佐酥脆香草和韭蔥
squid with crispy herbs & leek

蔬菜油，油炸用
韭蔥 1 根，切長絲
薄荷葉 ¼ 杯
羅勒葉 ¼ 杯
米粉（rice flour） ½ 杯（100 克）
中式五香粉 2 小匙
海鹽 ½ 小匙
清洗好的小槍烏賊 8 隻（750 克），切成條狀
沙拉葉和大蒜蛋黃醬（oïoli），上菜用

將油倒入深口平底深鍋內，以中－大火加熱到油變熱。分批油炸韭蔥、薄荷和羅勒約 15-20 秒，直到酥脆，放在廚房紙巾上瀝乾。在大碗裡混合米粉、五香粉和鹽，放入槍烏賊均勻沾裹。甩去多餘的裹粉後，分批下鍋油炸 1-2 分鐘，直到酥脆熟透。用廚房紙巾瀝乾。將沙拉葉分裝到上菜的盤子上，放上槍烏賊、韭蔥、薄荷和羅勒，搭配大蒜蛋黃醬上菜。**2 人份**。

若要油炸食物保持酥脆，米粉（rice flour）就是你的秘密武器。你會驚喜的發現，米粒的澱粉結構，在油炸時會使食物更加酥脆。油炸韭蔥和整片香草不但增添細緻的美味，也使外觀色彩和酥脆感升級。

夏日香草義大利麵
pasta with summer herbs

義大利麵（細扁麵或直麵 linguine or spaghetti） 200 克
奶油 30 克
大蒜 2 瓣，壓碎
新鮮麵包粉 1 杯（70 克）
撕碎的薄荷葉 ½ 杯
撕碎的羅勒葉 ½ 杯
撕碎的平葉巴西里葉 ½ 杯
橄欖油 1 大匙
海鹽和現磨黑胡椒

將義大利麵放入一大鍋加鹽的滾水中，煮 10-12 分鐘或直到彈牙。瀝乾備用。將鍋子重新加熱，加入奶油、大蒜和麵包粉。邊加熱邊拌炒 2 分鐘，直到麵包粉轉成金黃色。加入義大利麵中，和香草、油、鹽和胡椒一起拌勻。
2 人份。

櫛瓜和薄荷義大利麵
zucchini & mint pasta

義大利直麵（spaghetti） 200 克
櫛瓜 2 根，刨絲
切碎的薄荷 2 大匙
黃檸檬汁 1 大匙
辣椒片 1 小撮
海鹽和現磨黑胡椒
磨碎的帕瑪善起司，上菜用

將義大利麵放入一大鍋加鹽的滾水中，煮 10-12 分鐘或直到彈牙。瀝乾，倒回鍋子裡保溫。加入櫛瓜、薄荷、黃檸檬汁、辣椒、鹽和胡椒拌勻。分裝到上菜的盤子裡，撒上磨碎的帕瑪善起司，立即上菜。**2 人份**。

櫛瓜和薄荷義大利麵
ZUCCHINI & MINT PASTA

快速絕招
CHEATS 4.

醬汁與莎莎醬
sauces & salsas

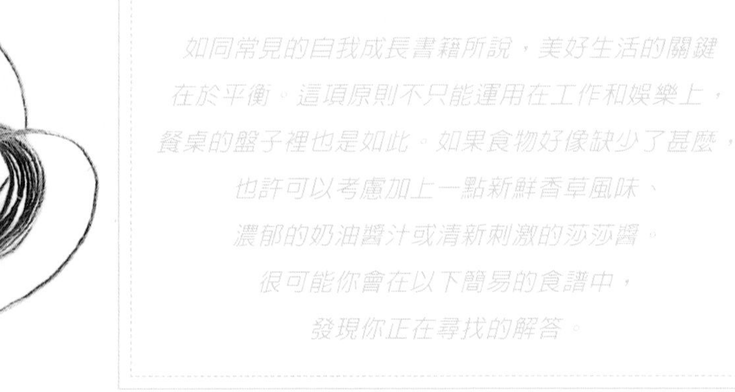

如同常見的自我成長書籍所說，美好生活的關鍵
在於平衡。這項原則不只能運用在工作和娛樂上，
餐桌的盤子裡也是如此。如果食物好像缺少了甚麼，
也許可以考慮加上一點新鮮香草風味、
濃郁的奶油醬汁或清新刺激的莎莎醬。
很可能你會在以下簡易的食譜中，
發現你正在尋找的解答。

巴薩米可醋洋蔥
balsamic onions

右圖：將 3 顆洋蔥切楔形塊，和一點油、幾枝百里香（thyme），一起放入平底鍋內，以中－大火炒 8 分鐘，直到變軟。加入 ¼ 杯（60 毫升）巴薩米可醋和 ¼ 杯（55 克）細砂糖，續煮 12 分鐘，直到洋蔥呈軟化的焦糖狀。搭配牛肉、雞肉、豬肉或羊肉享用。

香甜紅酒釉汁
red wine glaze

下圖：將 1 公升牛高湯、¼ 杯（60 毫升）紅酒，和 ¾ 杯（240 克）紅醋栗果凍（redcurrant jelly），放入中型平底鍋內，以大火加熱到沸騰。轉成小火，慢煮（simmer）15 分鐘，直到濃縮成稍微濃稠的釉汁。可用來搭配爐烤、油煎或炙烤牛肉、羊肉、豬肉或小牛肉。

香甜薄荷釉汁
mint glaze

上圖：將 ¾ 杯（180 毫升）蘋果酒醋、⅓ 杯（75 克）糖和 2 大匙芥末籽醬，倒入平底鍋內混合，以中火加熱，慢煮（simmer）到呈糖漿狀。離火，加入 ⅓ 杯切絲的薄荷葉、鹽和胡椒攪拌一下。可搭配爐烤羊肉片、羊排等。這款釉汁也很適合冷食，加在羊肉三明治或麵包卷。

香草棕奶油
herb brown butter

左圖：將 100g 奶油放入小型平底深鍋內，以大火加熱 4-5 分鐘，或直到呈褐色。加入 12 片鼠尾草葉或 ¼ 杯奧勒岡葉（oregano）、粗海鹽和現磨黑胡椒，加熱到葉子變酥脆。可用來調味濃湯、義大利燉飯、軟滑玉米粥（soft polenta）、簡單的義大利麵食，或搭配爐烤肉類、蘑菇和其他蔬菜。

香甜檸檬莎莎
sweet lemon salsa

右圖：將 3 顆黃檸檬削皮切片，注意要完全去除白色中果皮部分。和 ⅓ 杯（75 克）細砂糖、½ 杯平葉巴西里葉，和 1 大匙沖洗乾淨的鹽漬酸豆，一起放到玻璃杯或瓷碗裡，輕輕地拌勻後靜置 10 分鐘再上菜。可搭配炙烤、碳烤、爐烤的魚或是雞。

亞洲風味美乃滋
asian-flavoured mayos

下圖：要製作辣椒香菜美乃滋，可將 1 杯（300 克）市售全蛋美乃滋，和 1 小撮乾燥辣椒片和 ¼ 杯切碎的香菜葉混合。可搭配雞肉、海鮮、清蒸蔬菜和沙拉。要製作綠芥末（wasabi）美乃滋，混合 1 杯（300 克）市售全蛋美乃滋，和 1 大匙綠芥末醬。可搭配海鮮和亞洲風味的沙拉。

這些味道強烈的美乃滋和辛辣莎莎醬，是溫暖的開胃調味料。它們能夠將平淡無奇的一餐，提升到口味更大膽的層次。

大蒜蛋黃醬和檸檬美乃滋
aïoli & lemon mayo

上圖：要製作大蒜蛋黃醬時，將 1 杯（300 克）市售全蛋美乃滋放入碗裡，和 2-3 瓣壓碎的大蒜攪拌混合。可搭配爐烤肉類和蔬菜，或海鮮。要製作檸檬美乃滋時，將 1 杯（300 克）市售全蛋美乃滋放入碗裡，加入 2 大匙黃檸檬汁混合。可搭配雞肉、海鮮和清蒸蔬菜。

芒果萊姆莎莎
green mango lime salsa

左圖：在小碗裡混合 1 顆去皮青芒果絲、2 大匙綠萊姆汁、1 小匙細砂糖、1 小匙魚露、1 根長紅辣椒片和 1 杯香菜葉，輕輕拌勻。可搭配澆淋了醬油、或亞洲風味的爐烤或油煎的牛肉、雞肉、豬肉、魚肉和貝類。

櫻桃番茄莎莎
squashed cherry tomato salsa

右圖：將 250g 櫻桃番茄壓碎，去除種籽，放入碗裡，加入 1 大匙磨碎的黃檸檬果皮、¼ 杯奧勒岡葉、⅓ 杯蔥花、2 大匙橄欖油、1 大匙麥芽醋（malt vinegar）和 1 小匙細砂糖，拌勻。可搭配義大利麵食、爐烤肉類、雞肉和海鮮。

黃瓜莎莎
cucumber salsa

下圖：將 ½ 杯（125 毫升）白酒醋和 1 大匙細砂糖，放入小型平底深鍋內，以大火加熱到沸騰，煮 2-3 分鐘。將 4 根黎巴嫩黃瓜切片去籽，和 1 杯薄荷葉放入碗裡，倒入剛煮好的醋，混合均勻。可以冷食或室溫上菜，搭配炙烤魚類、羊肉或雞肉，配上市售鷹嘴豆泥（hummus），或是搭配辛辣的咖哩，具清涼爽口效果。

用口味豐富的莎莎醬，將簡單的
牛排、爐烤雞肉、魚肉或蔬菜
轉變成特殊的一餐。
用香草、酸豆或橄欖，配上
最新鮮的食材，口味清新而美味。

莎莎青醬
salsa verde

上圖：將 ½ 杯平葉巴西里葉、½ 杯薄荷葉、¼ 杯蒔蘿葉、1 小匙第戎（Dijon）芥末醬、1 大匙沖洗瀝乾的鹽漬酸豆、1 大匙磨碎的黃檸檬果皮和 2 大匙橄欖油，放入小型食物處理機的容器裡，打碎成粗粒狀。可當作義大利麵的醬汁，或搭配小牛肉、雞肉或炙烤海鮮。

橄欖和松子莎莎
olive & pine nut salsa

左圖：將 ½ 杯（60 克）去核黑橄欖、½ 杯平葉巴西里葉、½ 杯切碎的羅勒葉、1 大匙黃檸檬果皮、¼ 杯（60 毫升）橄欖油、½ 杯烤過的松子，加上海鹽，放入碗裡混合均勻。可搭配炙烤、碳烤或爐烤牛肉、雞肉、羊肉或海鮮，或搭配義大利麵食和北非小麥。

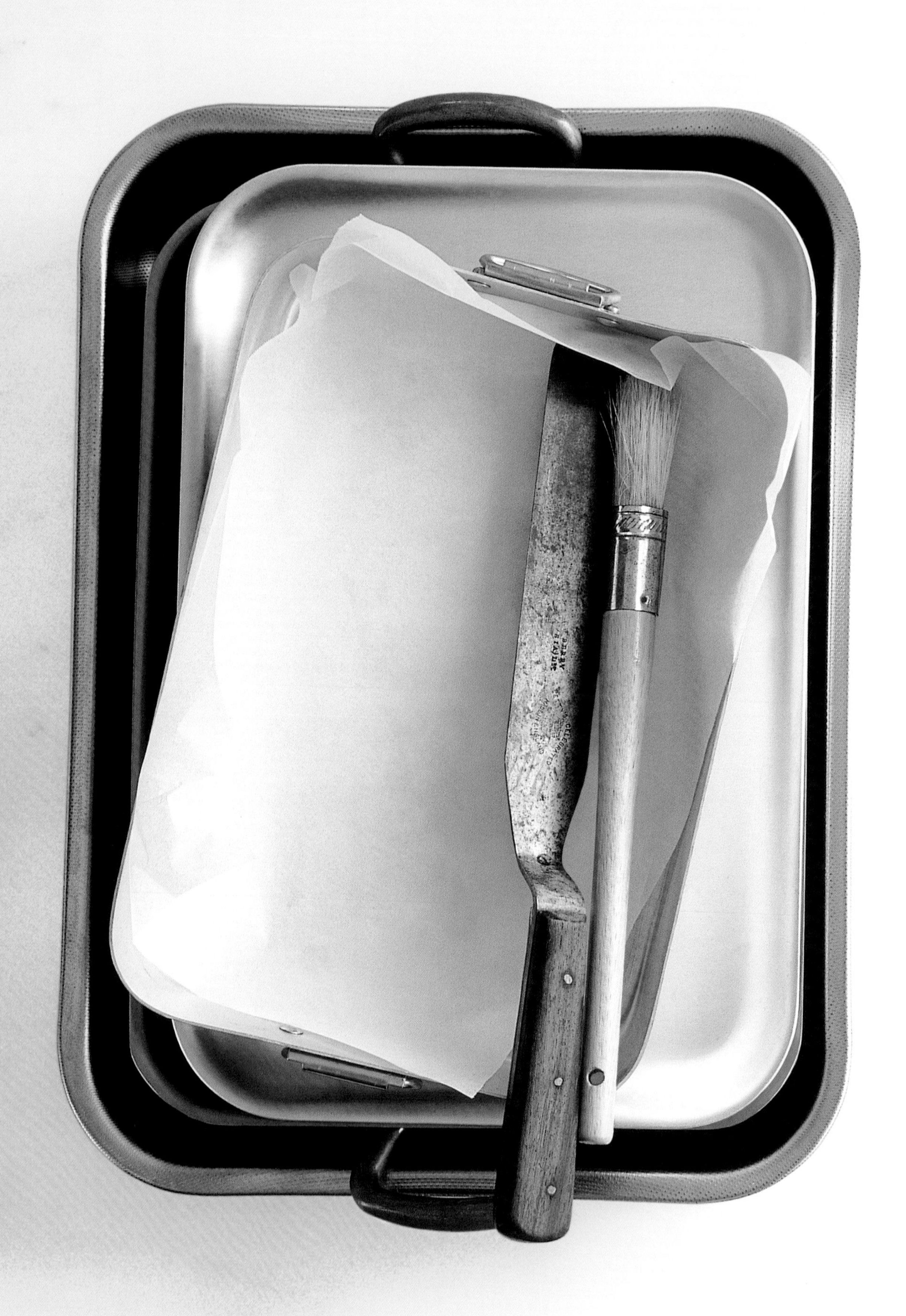

一盤享用
ONE DISH

當你用一個烤盤來烘烤食物時，所有的味道都會
融合在一起，食材在慢火中逐漸變軟，
呈焦糖化，轉變成撫慰人心的美食。
只要將所有的材料放進一個烤盤裡，
剩下的交給烤箱就行了。以下的一盤料理，
能夠取悅 2 名滿足的食客。最棒的是，一餐結束，
只需要清洗一個烤盤就好。

焦糖洋蔥塔
ONION MARMALADE TART

檸檬費達起司烤雞
LEMON-FETA CHICKEN

焦糖洋蔥塔
onion marmalade tart

市售酥皮（puff pastry）（25x25cm） 1 片，解凍
市售焦糖洋蔥醬（onion marmalade）或
焦糖洋蔥 ¾ 杯（160 克）
去核橄欖 8 顆
鯷魚 8 片，可省略
百里香嫩枝 2 小匙
現磨黑胡椒
削成薄片的帕瑪善起司，上菜用
芝麻葉（rocket），上菜用

將烤箱預熱到 180°C（355 °F）。將酥皮的邊緣修切整齊，放到不沾烘焙紙上，連紙再放到烤盤上。留下四周邊界抹上焦糖洋蔥醬，放上橄欖、鯷魚和百里香。烘烤 20-25 分鐘，直到酥皮膨脹呈金黃色。撒上黑胡椒，搭配帕瑪善起司和芝麻葉上菜。**2 人份**。

冷凍酥皮和油酥派皮（puff and shortcrust pastries），是廚房裡最佳的常備材料，選擇以奶油製成的，風味較佳。若要表面呈現出層層酥皮的效果，最好鋪上兩層市售已擀好的酥皮。

檸檬費達起司烤雞
lemon-feta chicken

雞胸肉 2 片各 200 克，修切過
費達起司（feta） 200 克，切厚片
奧勒岡（oregano） 5 枝
黃檸檬果皮 1 大匙
黃檸檬汁 2 大匙
橄欖油，澆淋用
現磨黑胡椒
綠葉沙拉，可省略

將烤箱預熱到 180°C（355 °F）。將雞肉、費達起司、奧勒岡、黃檸檬果皮和果汁，放在烤盤上。撒上橄欖油和胡椒。烘烤 18 分鐘，或直到雞肉熟透。想要的話，可搭配簡單的綠葉沙拉上菜。**2 人份**。

三種起司烤義大利燉飯
baked three-cheese risotto

阿波里歐米（arborio）或其他義式燉飯專用米 1 杯（200 克）
雞高湯或蔬菜高湯 2 ½ 杯（625 毫升）
韭蔥 1 根，切極碎
切碎的奧勒岡葉 1 小匙
奶油 30 克
磨碎的帕瑪善起司 ⅓ 杯（25 克）
海鹽和現磨黑胡椒
質地綿密的藍紋起司 150 克，切片
新鮮瑞可塔起司（ricotta） 150 克
義大利生火腿（prosciutto） 4 片
磨極碎的的帕瑪善起司，上菜用

將烤箱預熱到 190°C（375 °F）。將米、高湯、韭蔥、奧勒岡和奶油，放入烤盤中，蓋上密合的蓋子，或用鋁箔紙緊緊包好。烘烤 40 分鐘，直到米粒變軟。加入帕瑪善、鹽和胡椒攪拌混合 5 分鐘，直到燉飯變得綿密滑順，剩餘的高湯被吸收。分裝到上菜的盤子上，加上藍紋起司、瑞可塔起司、義大利生火腿和額外的帕瑪善起司，即可上菜。**2 人份**。

三種起司烤義大利燉飯
BAKED THREE-CHEESE RISOTTO

烘烤瑞可塔起司和南瓜沙拉
baked ricotta & pumpkin salad

整塊的新鮮瑞可塔（ricotta）起司 400 克
橄欖油 1 大匙
甜味紅椒粉（sweet paprika） ½ 小匙
奧勒岡葉 1 大匙
海鹽和現磨黑胡椒
磨碎的帕瑪善起司 1 大匙
南瓜 500 克，去皮切半
額外的橄欖油，澆淋用
櫻桃番茄 200 克
芝麻葉（rocket），上菜用
去核橄欖（Kalamata olives） ½ 杯（75 克），上菜用

將烤箱預熱到 180°C（355 °F）。烤盤鋪上烘焙紙，在一邊放上瑞可塔起司。混合橄欖油、紅椒粉、奧勒岡、鹽和胡椒，舀在瑞可塔起司上，再撒上帕瑪善起司。將南瓜放在另一邊，淋上一點額外的橄欖油。烘烤 25 分鐘，放上番茄，再淋上一點油，再烤 25 分鐘，直到瑞可塔起司呈金黃色，南瓜軟化。搭配芝麻葉和橄欖上菜。**2 人份**。

醬油薑汁烤魚
soy & ginger baked fish

醬油 ¼ 杯（60 毫升）
薑泥 1 大匙
蔥 4 根，切片
麻油 1 小匙
紅糖 1 小匙
肉質結實的白肉魚片 400 克
甘藍菜 200 克，修切過
香菜葉 ½ 杯
羅勒葉 ½ 杯
長紅辣椒 1 根，切碎（可省略）

將烤箱預熱到 180°C（355 °F）。將醬油、薑泥、蔥、麻油和糖放入盤子裡，放入魚片，每面醃 5 分鐘。烤盤鋪上烘焙紙，放上甘藍菜，再放上魚片和醃汁。用鋁箔紙蓋好，烘烤 15 分鐘，直到魚肉變軟。想要的話，可放上香菜、羅勒和切碎的辣椒。**2 人份**。

小牛肉包香草和莫札里拉起司
herb & mozzarella wrapped veal

番茄 2 顆，每顆切成 4 片
橄欖油，澆淋用
奧勒岡葉 1 大匙
海鹽和現磨黑胡椒
義式培根（pancetta） 4 大片
小牛肉片（veal steaks） 4 薄片，各 60 克
百里香葉 2 小匙
額外的奧勒岡葉 2 小匙
莫札里拉起司 4 片
芝麻葉（rocket），上菜用

將番茄放到烤盤上。淋上橄欖油，撒上奧勒岡、鹽和胡椒。將義式培根放在砧板上，放上 1 片小牛肉片，撒上百里香和額外的奧勒岡，在一邊放上 1 片莫札里拉起司，然後摺起，將起司包起來。放到烤盤上番茄的旁邊，淋上橄欖油，用預熱好的炙烤架（grill）烤 5-7 分鐘，直到小牛肉烤熟，培根變得酥脆。將小牛肉和番茄分裝到盤子上，搭配芝麻葉上菜。**2 人份**。

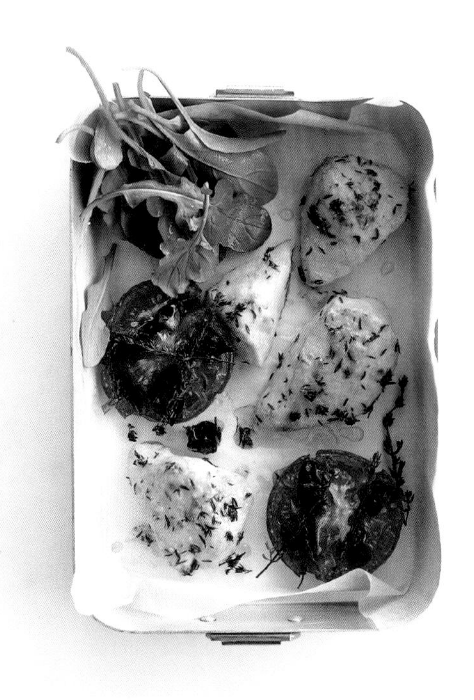

香烤番茄雞肉
roast tomato chicken

番茄 2 顆各 220 克，切半
百里香（thyme） 8 枝
羅勒葉 16 片
去核橄欖（Kalamata） 8 顆
雞胸肉 2 片各 200 克，切成三等份
額外的百里香葉 1 大匙
磨碎的帕瑪善起司 ⅔ 杯（50 克）
海鹽和現磨黑胡椒
橄欖油，澆淋用
芝麻葉，上菜用

烤盤鋪上烘焙紙，放上番茄，切面朝上。用刀子在表面劃切幾道，塞入百里香、羅勒和橄欖。在雞肉的兩面都撒上額外的百里香、帕馬善起司、鹽和胡椒。將雞肉放到烤盤上，淋上油，放在預熱好的炙烤架（grill）下方，烤 6-8 分鐘，直到雞肉熟透。將芝麻葉分裝到上菜的盤子上，放上雞肉和番茄，舀上烤盤裡剩餘的湯汁，上菜。**2 人份**。

香脆帕瑪善雞肉
CRUNCHY PARMESAN-CRUMBED CHICKEN

紙包香茅雞肉
PAPER-BAKED LEMONGRASS CHICKEN

香脆帕瑪善雞肉
crunchy parmesan-crumbed chicken

新鮮麵包粉 1 杯（70 克）
磨碎的帕瑪善起司 ¼ 杯（20 克）
奶油 30 克，融化
切碎的百里香葉 1 大匙
現磨黑胡椒
雞胸肉 2 片各 200 克，修切過切半
黃檸檬角和綠葉沙拉，上菜用

將烤箱預熱到 200℃（390 ℉）。混合麵包粉、帕瑪善起司、奶油、百里香和胡椒。烤盤鋪上不沾烘焙紙，放上沾裹好混合麵包粉的雞肉。烘烤 10 分鐘，或直到雞肉熟透，麵包粉呈金黃色。搭配黃檸檬角和綠葉沙拉上菜。**2 人份**。

如果為了製作新鮮的麵包粉，你都已經辛苦地將食物處理機或果汁機，從櫥櫃裡搬出來了，就不妨一次多做一點，以供之後使用。將做好的麵包粉，分裝到可封口式的夾鏈袋裡，再放入冷凍，這樣，下次要製作填充餡料或酥脆頂層時，就會非常方便。

紙包香茅雞肉
paper-baked lemongrass chicken

小株青江菜 2 根，縱切半
雞胸肉 2 片各 200 克，修切過
麻油，澆淋用
香茅 1 根，修切過，切碎
泰國綠萊姆葉（kaffir lime leaves）4 片，拍出香味
生薑 4 片
香菜葉 ¼ 杯
綠萊姆 1 顆，切半，上菜用

將烤箱預熱到 180℃（355 ℉）。剪下 2 大片烘焙紙。在每張烘焙紙中央放上切半的青江菜，再放上 1 片雞胸肉。撒上麻油、香茅、綠萊姆葉和薑。將烘焙紙邊緣摺疊起來密封。接著放到烤盤上，烘烤 12 分鐘。小心地將包裹打開後，放上香菜，搭配切半的綠萊姆上菜。**2 人份**。

盤烤蟹蝦貝
pan-roasted shellfish

生小龍蝦（scampi） 4 隻，切半清理
生明蝦 6 隻，去頭，切半
軟殼蟹 4 隻，切半
新鮮扇貝連同下方的殼 6 顆
奶油 80 克，軟化
鹽漬酸豆 1 大匙，瀝乾切碎
大蒜 2 瓣，壓碎
乾燥辣椒片 1 小匙
磨碎的黃檸檬果皮 1 小匙
檸檬百里香葉 1 大匙
現磨黑胡椒
切半黃檸檬，上菜用

將烤箱預熱到 200℃（390 ℉）。烤盤鋪上烘焙紙，擺上小龍蝦、明蝦、軟殼蟹和扇貝。將奶油、酸豆、大蒜、辣椒、黃檸檬果皮、檸檬百里香和胡椒混合，抹在海鮮上。烘烤 10 分鐘，或直到熟透，搭配黃檸檬上菜。**2 人份**。

盤烤蟹蝦貝
PAN-ROASTED SHELLFISH

葡萄葉烤雞
vine-leaf roast chicken

馬鈴薯 750 克，去皮切薄片
洋蔥 1 顆，切片
海鹽和現磨黑胡椒
橄欖油 1 大匙
松子 2 大匙，切碎
磨碎的黃檸檬果皮 1 小匙
切極碎的平葉巴西里葉 1 大匙
額外的橄欖油 1 小匙
雞胸肉 2 片各 200 克
鹽水葡萄葉（vine leaves in brine） 2 大片，沖洗
額外的橄欖油，刷油用

將烤箱預熱到 200°C（390 °F）。在烤盤鋪上不沾烘焙紙。將馬鈴薯和洋蔥、鹽、胡椒和油拌勻後，放到烤盤上。烘烤 20 分鐘。混合松子、黃檸檬果皮、巴西里和額外的油，抹在雞肉上，再將每片雞肉用葡萄葉包好。刷上額外的油，再放到馬鈴薯上。烘烤 20 分鐘，或直到雞肉熟透，馬鈴薯變軟。**2 人份**。

烘烤南瓜培根燉飯
baked pumpkin & pancetta risotto

阿波里歐米（arborio）或其他義式燉飯用米 1 杯（200 克）
雞高湯或蔬菜高湯 2 ½ 杯（625 毫升）
奶油 30 克
小片的鼠尾草葉（sage） 1 大匙
南瓜 400 克，去皮切丁
義式培根（pancetta） 6 薄片，略切
磨碎的帕瑪善起司 ⅓ 杯（25 克）
海鹽和現磨黑胡椒
額外的磨碎帕瑪善起司，上菜用

將烤箱預熱到 190°C（375 °F）。將米、高湯、奶油、鼠尾草、南瓜和義式培根，放入烤盤裡混合，用蓋子或鋁箔紙緊緊覆蓋。烘烤 45 分鐘，或直到米變軟。加入帕瑪善、鹽和胡椒，持續攪拌 5 分鐘，直到燉飯變得綿密滑順，剩下的高湯被完全吸收。分裝到盤子上，撒上額外的帕瑪善起司後上菜。**2 人份**。

生火腿裹融化莫札里拉起司
molten mozzarella in prosciutto

酸種麵包（sourdough） 4片
橄欖油2大匙
大蒜1瓣，壓碎
羅勒葉12片
成熟番茄3顆，切厚片
巴薩米可醋（balsamic vinegar） 1大匙
海鹽和現磨黑胡椒
新鮮水牛乳莫札里拉起司2大顆，切半
義大利生火腿4大薄片

將烤箱預熱到200°C（390°F）。將麵包放到烤盤上。混合油和大蒜，刷在麵包上。放上羅勒和番茄。撒上醋、鹽和胡椒，烘烤15分鐘，或直到番茄變軟。將一份莫札里拉起司用1片義大利生火腿包起來，放在番茄上。續烤10-15分鐘，直到起司融化，火腿變酥脆。**2人份**。

雞肉餡餅
chicken pot pies

煮熟的雞肉200克，切碎
酸奶油（sour cream） ¼杯（60克）
磨碎的切達起司（cheddar） 75克
切碎的細香蔥（chives） 2大匙
海鹽和現磨黑胡椒
市售酥皮1片（25x25cm），解凍
雞蛋1顆，稍微打散

將烤箱預熱到180°C（355°F）。混合雞肉、酸奶油、起司、細香蔥、鹽和胡椒。切下2片直徑11cm的圓形酥皮，視耐熱皿大小。將混合好的雞肉餡分裝到2個容量約1杯（250毫升）的耐熱皿（ramekins）中，放上圓形酥皮，刷上蛋汁。烘烤20分鐘，直到酥皮膨脹，呈深金黃色。**2人份**。

摩洛哥香料烤羊肉
MOROCCAN-SPICED BAKED LAMB

烤蔬菜和青醬沙拉
ROASTED VEGETABLE & PESTO SALAD

摩洛哥香料烤羊肉
moroccan-spiced baked lamb

橄欖油 1 大匙
切碎的醃黃檸檬果皮（preserved lemon rind）（G） 1 大匙
黃檸檬汁 1 大匙
大蒜 2 瓣，壓碎
稍微切碎的香菜葉 ¼ 杯
磨碎的香菜籽（ground coriander seeds） 2 小匙
煙燻紅椒粉（smoked paprika） 1 小匙
海鹽和現磨黑胡椒
適合烤的羊腿肉（lamb rump roast） 400 克
小馬鈴薯 6 顆，切半
紅蘿蔔 3 根，去皮切半
額外的大蒜 7 瓣，帶皮
額外的橄欖油 1 大匙

將油、黃檸檬果皮、黃檸檬汁、大蒜、香菜葉和香菜籽、紅椒粉、鹽和胡椒，放入食物處理機內，打碎到形成膏狀。將烤箱預熱到 180°C（355 °F）。將醃料厚厚地抹在羊腿肉上，醃 20 分鐘。之後，將羊腿、馬鈴薯、紅蘿蔔、額外的大蒜、額外的油和鹽，放入烤盤，一起烘烤 30-35 分鐘，或直到自己喜歡的熟度。將馬鈴薯、紅蘿蔔和大蒜，分裝到上菜的盤子上。羊腿肉切成厚片，搭配爐烤蔬菜上桌。**2 人份**。

煙燻紅椒粉，只要一小撮，就能為各種鹹食料理，帶來一股熱帶香甜的滋味與深度，是我們極為喜愛的調味品。它是由乾燥的燈籠椒製成，色彩由亮橘到深紅，非常鮮豔，值得你特地去尋訪喜愛的西班牙品牌。不過要記得，只要一點點就有強烈的味道，所以一開始下手要輕。

烤蔬菜和青醬沙拉
roasted vegetable & pesto salad

防風草根（parsnip） 200 克，去皮切四等份
橘肉番薯 300 克，去皮切成四等份
球莖茴香（fennel） 200 克，切成四等份
橄欖油 1 大匙
百里香（thyme） 8 枝
海鹽和現磨黑胡椒
櫻桃番茄 250 克
綠橄欖 120 克
嫩菠菜葉，上菜用
青醬調味汁材料：
切碎的薄荷葉 2 大匙
切碎的羅勒葉 2 大匙
磨碎的帕瑪善起司 ¼ 杯（20 克）
橄欖油 2 大匙

先製作青醬調味汁。將薄荷葉、羅勒葉、帕瑪善和油，放入小碗裡攪拌混合。將烤箱預熱到 200°C（390 °F）。將防風草根、番薯、球莖茴香和馬鈴薯，放入烤盤裡，加入油、百里香、鹽和胡椒並拌勻。烘烤 20 分鐘後，加入番茄和橄欖，再烤 20 分鐘。將爐烤蔬菜分裝到盤子裡，搭配嫩菠菜和青醬調味汁上菜。**2 人份**。

烤蒜味淡菜和北非小麥
baked garlic mussels & couscous

大蒜 3 瓣，壓碎
薑泥 1 大匙
滾水 ¾ 杯（180 毫升）
即食北非小麥（couscous） ¾ 杯（150 克）
融化的奶油 30 克
淡菜（mussels） 1 公斤，刷洗過
香菜葉 ½ 杯
綠萊姆角，上菜用

將烤箱預熱到 180°C（355 °F）。混合大蒜、薑和滾水，倒在已放入烤盤裡的北非小麥上。淋上融化的奶油，放上淡菜。用蓋子或鋁箔紙緊密覆蓋，烘烤 20 分鐘，或直到淡菜打開。撒上香菜，搭配綠萊姆角上菜。**2 人份**。

焗蒜味淡菜和北非小麥
BAKED GARLIC MUSSELS & COUSCOUS

醃漬蔬菜塔
marinated vegetable tart

市售酥皮（puff pastry） 1張（25×25cm），解凍
市售醃漬好的蔬菜（marinated vegetables）⁺ 300克，瀝乾
奧勒岡葉2小匙
費達起司（feta）或軟質山羊奶起司110克，稍微切碎
橄欖油，澆淋用

將烤箱預熱到180°C（355°F）。將酥皮切半，緊靠著放在鋪了烘焙紙的烤盤上。在酥皮上放上蔬菜、奧勒岡和起司，留下邊界。淋上橄欖油，烘烤18-20分鐘，直到酥皮膨脹呈金黃色。熱食冷食皆宜。**2人份**。

⁺醃漬蔬菜通常包括茄子、甜椒、半乾（semi-dried）番茄、蘑菇、櫛瓜和朝鮮薊芯。

香草大蒜烤雞
herb & garlic roast chicken

全雞1小隻，切塊
軟化的奶油60克
切碎的平葉巴西里葉2大匙
檸檬百里香葉2大匙
海鹽和現磨黑胡椒
大蒜8瓣，帶皮
清蒸蔬菜，上菜用

將烤箱預熱到200°C（390°F）。烤盤鋪上烘焙紙，放上雞肉。混合奶油、巴西里、百里香、鹽和胡椒，均勻抹在雞肉上。放入大蒜，烘烤30分鐘，或直到雞肉熟透，呈金黃色。搭配清蒸蔬菜上桌。**2人份**。

櫛瓜鹹派
crushed zucchini pie

冷凍薄酥皮（filo pastry） 10 張
融化的奶油，刷油用
櫛瓜（courgette） 2 根，刨絲
雞蛋 4 顆，稍微打散
鮮奶油（cream） ¾ 杯（180 毫升）
磨碎的切達起司（cheddar） ½ 杯（60 克）
海鹽和現磨黑胡椒

將烤箱預熱到 180°C（355°F）。在 2 張冷凍薄酥皮上刷上奶油，摺疊起來，使酥皮能夠剛好填滿容量 1¾ 杯（430 毫升）的耐熱淺烤模內。以同樣的步驟，進行另一個淺烤模。混合櫛瓜絲、蛋、鮮奶油、起司、鹽和胡椒，倒入淺烤模。將剩下的 6 片薄酥皮刷上奶油。將每片薄酥皮摺半後壓碎，分別堆疊在二個淺烤模上。烘烤 35-40 分鐘，直到內餡凝固，薄酥皮呈金黃色。**2 人份**。

烤魚和薯條
baked fish & chips

馬鈴薯 1 公斤，切成薯條狀
黃檸檬 2 顆，切成四等份
橄欖油 1 大匙
檸檬百里香葉 1 大匙
海鹽和現磨黑胡椒
質地結實的白肉魚片 2 片各 180 克
奶油 20 克，融化
大蒜 2 瓣，切片
額外的檸檬百里香葉 1 小匙

將烤箱預熱到 200°C（390°F）。將馬鈴薯和黃檸檬，與油、百里香、鹽和胡椒拌勻，放入烤盤。烘烤 45 分鐘，中間攪拌一次，直到酥脆呈金黃色。將薯條移到烤盤邊，放入魚片，刷上混合的奶油、大蒜和額外的檸檬百里香。續烤 10 分鐘，直到魚肉熟透。**2 人份**。

烤哈魯米和酸種麵包沙拉
BAKED HALOUMI & SOURDOUGH SALAD

榲桲烤羊肉
QUINCE-ROASTED LAMB

烤哈魯米和酸種麵包沙拉
baked haloumi & sourdough salad

酸種麵包（sourdough） 4 厚片，撕成大塊
大蒜 8 瓣，帶皮
哈魯米起司（haloumi） 250 克，切塊
葡萄番茄（grape tomatoes） 200 克，用刀子在表皮戳洞
橄欖油 2 大匙
乾燥辣椒片 1 小撮
平葉巴西里葉 ½ 杯
薄荷葉 ½ 杯
黃檸檬汁 1 大匙
橄欖油 1 大匙

將烤箱預熱到 180°C（355 °F）。將麵包、大蒜、哈魯米起司和番茄，混合放入烤盤。將油和辣椒混合後，淋上。烘烤 20 分鐘，攪拌一下，續烤 10 分鐘。從烤箱取出，倒入碗裡。加入巴西里、薄荷、黃檸檬汁和橄欖油，拌勻後上菜。**2 人份**。

哈魯米起司（haloumi）是一種質地結實的白色起司，產自賽普勒斯（Cyprus），由綿羊奶製成。質地有彈性，炙烤油煎都能維持形狀，因此適合做成串烤（kebabs）和沙拉。若是不易買到，可用硬質費達起司代替。

榲桲烤羊肉
quince-roasted lamb

紅蘿蔔 4 根，去皮縱切四等份
迷迭香 3 枝
紅糖 2 大匙
海鹽
羊背里脊肉（lamb backstraps） 2 片各 200 克
榲桲醬（quince paste） ¼ 杯（75 克）
義式培根（pancetta） 12 片

將烤箱預熱到 200°C（390 °F）。烤盤鋪上烘焙紙，放上紅蘿蔔、迷迭香、糖和鹽，混合均勻。烘烤 45 分鐘。在羊肉抹上榲桲醬。將 6 片義式培根以稍微重疊的方式，放在砧板上，再放上 1 片羊肉，以培根將羊肉捲起。以同樣的步驟，處理剩下的培根和羊肉。將羊肉放在紅蘿蔔上，烘烤 12-15 分鐘，使羊肉達到半熟（medium），或烤到你喜歡的熟度。將羊肉切成厚片，搭配紅蘿蔔上菜。

融化莫札里拉起司雞肉
melted mozzarella chicken

櫻桃番茄 250 克，切半
去核橄欖（Kalamata） ½ 杯（75 克）
橄欖油 1 大匙
莫札里拉起司 4 厚片
羅勒葉 8 片
雞胸肉 2 片各 200 克，縱切成二半
義式培根（pancetta） 8 片
綠葉沙拉（可省略）

將烤箱預熱到 200°C（390 °F）。將櫻桃番茄、橄欖和橄欖油，放入烤盤裡，烘烤 10 分鐘，直到番茄變軟。在每片雞胸肉上放 1 片莫札里拉起司和 2 片羅勒，再用 2 片培根包裹起來。將包好的雞肉放在番茄上，續烤 12-15 分鐘，直到雞肉熟透。想要的話，搭配綠葉沙拉上桌。**2 人份**。

融化莫札里拉起司雞肉
MELTED MOZZARELLA CHICKEN

快速絕招

CHEATS 5.

蔬食配菜

vegetable sides

如同配件首飾能點亮你的服裝一般，適當的
蔬食配菜，也能將簡單的一餐，提升成特殊場合般的
盛宴。在這裡，我們將傳統的經典食譜做了一點變化，
也創造出一些全新的食材搭配，
保證你們全家和好友，會從此用不同的眼光，
來看待平凡的田園蔬菜。

牛肝蕈馬鈴薯泥
porcini mash

右圖：將 1.2 公斤的馬鈴薯削皮、稍微切塊，放入平底深鍋內。加入 2 大匙略微切碎的牛肝蕈（porcini），加入清水蓋過，加一點鹽，以大火加熱。沸騰後，煮 15 分鐘，或直到馬鈴薯變軟。瀝乾，加入 80 克奶油、½ 杯（125 毫升）鮮奶、海鹽和現磨黑胡椒，將馬鈴薯和牛肝蕈搗成綿密細緻的泥狀。可搭配炙烤或爐烤肉類、雞肉和慢燉菜色。**4 人份**。

簡單馬鈴薯餅
simple potato cake

下圖：將 1 公斤馬鈴薯削皮切塊。放入附耐熱把手的平底鍋內，注入清水蓋過。慢煮（simmer）8 分鐘，或直到變軟。瀝乾，重新加熱。加入 1 大匙橄欖油、30 克奶油、1 小匙切碎的迷迭香葉、海鹽和現磨黑胡椒，拌勻。將馬鈴薯稍微搗碎混合。放入以 200°C（390 °F）預熱的烤箱中，烤 30 分鐘，直到馬鈴薯變脆呈金黃色。切成塊狀後上菜。**4 人份**。

防風草根和迷迭香馬鈴薯煎餅
parsnip & rosemary rösti

上圖：將 600 克馬鈴薯和 250 克防風草根（parsnips）削皮刨成絲，加入 60 克融化的奶油、2 小匙切碎的迷迭香葉、粗海鹽和現磨黑胡椒，均勻混合。平均分成 8 份，壓平，放在鋪了烘焙紙的烤盤上。送進預熱 180°C（355 °F）的烤箱裡，烘烤 35 分鐘，直到薯餅酥脆呈金黃色。可搭配炙烤、爐烤肉類、雞肉、蔬菜或海鮮。**4 人份**。

白豆和迷迭香馬鈴薯泥
white bean & rosemary mash

左圖：將 1 公斤馬鈴薯削皮後，水煮到變軟，瀝乾，重新以小火加熱。加入 60 克奶油、2 大匙鮮奶、1 小匙切碎的迷迭葉和海鹽，搗碎到質地滑順綿密。加入 400 克沖洗瀝乾的罐頭白豆或奶油豆（cannellini or butter beans），搗碎到豆子稍微破碎。搭配額外的一塊奶油上菜。適合搭配炙烤、爐烤肉類、雞肉、蔬菜或魚，或是含有豐富醬汁、可供馬鈴薯泥吸收的菜餚。**4 人份**。

香料烤番薯
spiced sweet potato

右圖：將 4 顆橘肉番薯（kumara）削皮切楔形塊。混合 ⅓ 杯（80 毫升）橄欖油、1 小匙煙燻紅椒粉、1 小匙磨碎的香菜籽和 1 小匙紅糖。將番薯放入烤盤，刷上調好的香料油，撒上海鹽和現磨胡椒粉。送進預熱 200°C（390 °F）的烤箱裡，烘烤 25 分鐘，或直到番薯變軟。搭配爐烤肉類或海鮮上菜。**4 人份**。

萊姆辣椒玉米
lime & chilli corn

下圖：將 50 克奶油、1 小匙磨碎的綠萊姆果皮、1 小撮乾燥辣椒片、2 小匙切碎的香菜、海鹽和現磨黑胡椒，放入平底深鍋內，加熱到沸騰。刷在 4 根煮熟的玉米上，搭配剩下的奶油上菜。可搭配炙烤、爐烤肉類、雞肉、蔬菜或海鮮。也是絕佳的烤肉配菜。**4 人份**。

添加口味大膽的香草植物和辛香料，使蔬菜從配角晉升到亮眼的主角。這些風味濃郁的菜色，能使平凡的炙烤和爐烤食物，瞬間精采起來。

烤玉米條
baked polenta chips

上圖：在平底深鍋內，將 3 杯（750 毫升）雞高湯，和 1 ½ 杯（375 毫升）清水加熱到沸騰。緩緩加入 1 ½ 杯（255 克）即食粗粒玉米粉（polenta），邊加熱邊攪拌，直到變軟。加入 ½ 杯（40 克）磨碎的帕瑪善起司拌勻。倒入鋪好烘焙紙的烤盤裡，等待凝固。取出切成粗薯條狀。刷上融化的奶油，送入預熱 200°C（390 °F）的烤箱中，烘烤 35 分鐘，中間翻面一次，直到呈金黃色變酥脆。**4 人份**。

楓糖烤南瓜
maple roast pumpkin

左圖：在中型不沾平底鍋內，以中火融化 30g 奶油，加入 6 片去皮南瓜，每面煎 2 分鐘。加入 50 克額外的奶油、¼ 杯（60 毫升）楓糖、海鹽和現磨黑胡椒，蓋上以烘焙紙剪成密合鍋子尺寸的紙蓋。慢煮（simmer）10-12 分鐘，直到南瓜變軟。取下烘焙紙，加入 ¼ 杯（60 毫升）清水，再慢煮 1-2 分鐘，或直到形成薄薄的醬汁。**4 人份**。

洋蔥和大蒜白豆
onion & garlic butter beans

右圖：在不沾平底鍋內，以中－大火加熱 40 克奶油和 1 大匙橄欖油。加入 2 顆切片的洋蔥，炒 5 分鐘，直到轉成金黃色。加入 4 瓣切片大蒜，炒 1 分鐘。加入 400 克沖洗瀝乾的罐頭白豆或奶油豆（cannellini or butter beans），炒 4 分鐘，直到豆子熱透。加入 150 克菠菜葉、鹽和胡椒，撒上磨碎的帕瑪善起司。搭配炙烤或爐烤肉類、雞肉或魚。**4 人份**。

菠菜和莫札里拉起司
spinach with mozzarella

下圖：取下 3 把菠菜（English spinach）的葉子。在大型不沾平底鍋內，以中火融化 30 克奶油。加入 2 瓣壓碎的大蒜，和 1 小匙磨碎的黃檸檬果皮，炒 1 分鐘。加入菠菜拌炒，直到變軟。分裝到 4 個抹上奶油的耐熱皿（ramekins）中。在菠菜中央做出一個凹洞，放入 1 塊 30g 的莫札里拉起司。送入預熱 180°C（355°F）的烤箱，烘烤 10 分鐘，直到起司融化轉成褐色。**4 人份**。

香辣長豇豆
ginger & chilli snake beans

上圖：以中－大火加熱深口或中式炒鍋（wok）。加入 2 小匙麻油、1 大匙薑泥、2 根長紅辣椒片和 2 瓣大蒜片，炒 1 分鐘。加入 400g 修切過、切半的長豇豆或四季豆、¼ 杯（60 毫升）雞高湯或蔬菜高湯，和 1 小匙醬油。邊加熱邊拌炒約 4-5 分鐘，直到豆莢變軟。可搭配炙烤或爐烤肉類、雞肉、蔬菜或魚，以及亞洲風味咖哩和快炒。**4 人份**。

檸檬和大蒜烤青花菜或花椰菜
lemon & garlic roast broccoli or cauliflower

左圖：將烤箱預熱到 180°C（355°F）。將 1 公斤綠色青花菜或白色花椰菜切成小株、1 顆黃檸檬切楔形塊、2 大匙橄欖油、8 瓣帶皮大蒜、8 瓣去皮紅蔥頭、海鹽和現磨黑胡椒，放入大型烤盤內，混合均勻。烘烤 40 分鐘，直到蔬菜變軟呈褐色。搭配炙烤或爐烤肉類、雞肉、海鮮或當作沙拉的基本材料。**4 人份**。

現吃一半，冷凍一半

SOME NOW SOME LATER

我以前總認為，將一餐的食物冷凍起來，是屬於我媽媽那一代的作風（包括電子燉鍋 crock pot 和巧克力鍋組 fondue set）。然而當自己也成了職業婦女，想到今晚冰箱裡有冷凍好的晚餐，不必從頭動手作，真是大感欣慰。我們使用新鮮、美味豐富的食譜，重新改造了「冷凍包」的食物範疇，大家都會愛上它。

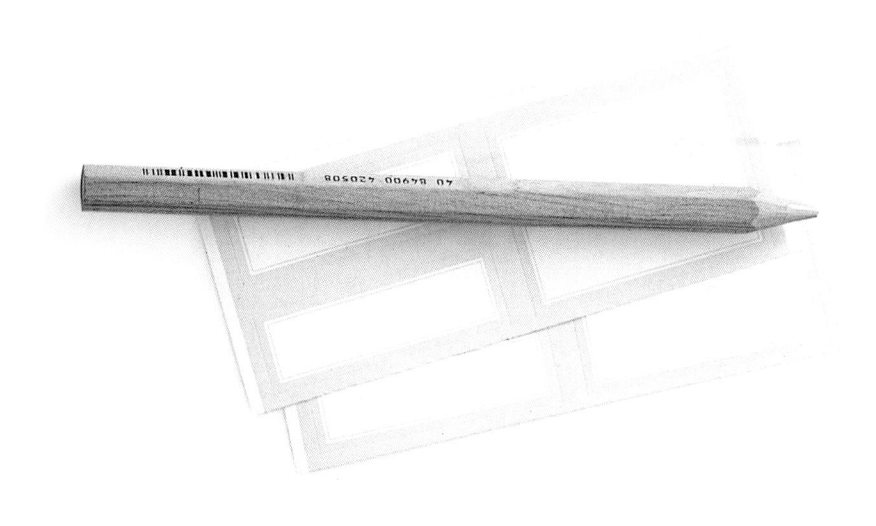

牛肉和啤酒鹹派
BEEF & BEER INDIVIDUAL PIES

綠花椰和培根濃湯
BROCCOLI & BACON SOUP

牛肉和啤酒鹹派
beef & beer individual pies

橄欖油 2 大匙
牛肩胛肉排（chuck steak） 1 公斤，切丁
黃洋蔥（brown onions） 2 顆，切碎
大蒜 2 瓣，壓碎
百里香（thyme） 4 枝
月桂葉（bay leaves） 2 片
啤酒 1 ½ 杯（375 毫升）
牛骨高湯 2 杯（500 毫升）
小馬鈴薯 8 顆，切 4 等份
玉米粉（cornflour） 2 大匙
清水 2 大匙
新鮮或冷凍豌豆 1 杯（120 克）
市售油酥派皮（shortcrust pastry） 2 片（25×25cm）
蛋汁，塗刷用

將油倒入平底鍋內，以中－大火加熱。分批加入牛肉，煎到充分上色。用漏勺將牛肉取出，備用。加入洋蔥、大蒜、百里香和月桂葉，炒 3 分鐘，直到洋蔥變軟。加入啤酒，加熱 2 分鐘，直到稍微濃縮。將牛肉放回鍋裡，加入高湯和馬鈴薯。蓋上蓋子，轉成小火，慢煮 1 小時，直到牛肉變軟。混合玉米粉和水，加入鍋內，攪拌混合 3 分鐘，直到醬汁變得濃稠。離火，加入豌豆，讓鍋內食物溫度稍微冷卻，再分盛到 6 個容量各 1 ⅓ 杯（330ml）的耐熱盅或派皿中。將烤箱預熱到 200℃（390 ℉）。將派皮裁切成符合耐熱盅或派皿的大小。蓋在表面刷上蛋汁，烘烤 20 分鐘，直到轉成金黃色。冷凍時，用雙層廚房紙巾、保鮮膜和鋁箔紙將鹹派緊密包覆。可冷凍保存 3 個月。**2 人份，外加冷凍的 2 人份。**

最適合冷凍的料理，要有高含量的液體，才能在重新加熱後，仍保持食材的多汁與美味。因此，派和烘烤類的義大利麵食，是絕佳的冷凍晚餐選擇，慢燉肉類、咖哩和濃湯也都很適合。

綠花椰和培根濃湯
brocolli & bacon soup

洋蔥 1 顆，切碎
培根（rashers bacon） 4 片，去除外皮，切碎
馬鈴薯 400 克，去皮切丁
雞高湯 1 公升
綠花椰 400 克，切碎
切碎的薄荷 2 大匙
海鹽和現磨黑胡椒

將洋蔥和培根放入大型平底深鍋內，以中－大火加熱。炒 5 分鐘，直到轉褐色。將培根和洋蔥取出備用。在鍋裡加入馬鈴薯和高湯，加熱到沸騰，加入綠花椰煮 8 分鐘，直到馬鈴薯和綠花椰變軟。倒入果汁機內，或用手持打碎器打到綿密滑順。加入洋蔥和培根、薄荷、鹽和胡椒，攪拌混合。舀到上菜的碗裡享用。冷凍時，可放入密閉容器裡，蓋緊，可冷凍 3 個月。**2 人份，外加冷凍的 2 人份。**

南瓜、瑞可塔起司和羅勒千層麵
pumpkin, ricotta & basil lasagne

新鮮瑞可塔起司（ricotta） 1.2 公斤
磨碎的帕瑪善起司 2 杯（160 克）
切碎的細香蔥 ⅓ 杯
切絲的羅勒葉 ½ 杯
磨碎的黃檸檬果皮 1 大匙
海鹽和現磨黑胡椒
稍微切碎的奧勒岡葉 ¼ 杯
義式新鮮番茄泥（tomato passata）(G) 1.25 公升
義大利千層麵皮（lasagne sheets） 600 克
去皮去籽的南瓜 1.5 公斤，切薄片
磨碎的莫札里拉起司 1 杯（100 克）

將烤箱預熱到 180℃（355 ℉）。在碗裡混合瑞可塔起司、一半磨碎的帕瑪善起司、細香蔥、羅勒、黃檸檬果皮、鹽和胡椒，攪拌均勻。將奧勒岡加入番茄泥中。在 20×35cm 的烤盤裡抹上油，在底部鋪上一層千層麵皮。放上 ⅓ 南瓜，舀上 ⅓ 番茄泥，放上 ⅓ 瑞可塔起司，蓋上另一片千層麵皮。以同樣的步驟重複，最後一層麵皮上，放上最後一份的瑞可塔起司。撒上莫札里拉起司和剩下的帕瑪善起司，蓋上鋁箔紙，烘烤 1½ 小時。取下鋁箔紙，續烤 15 分鐘，或直到頂層起司呈黃褐色，麵皮熟透。剩下的部分可冷凍 3 個月。**2 人份，外加冷凍的 6 人份。**

南瓜、瑞可塔起司和羅勒千層麵
PUMPKIN, RICOTTA & BASIL LASAGNE

菠菜、瑞可塔起司和蒔蘿派
spinach, ricotta & dill pies

市售派皮（shortcrust pastry） 4片（25×25cm），解凍
菠菜-瑞可塔內餡材料：
冷凍菠菜250克，解凍
瑞可塔起司（ricotta） 600克
雞蛋3顆
磨碎的帕瑪善起司½杯（40克）
蔥2根，切蔥花
稍微切碎的平葉巴西里葉2大匙
稍微切碎的蒔蘿（dill）葉2大匙
海鹽和現磨黑胡椒

將烤箱預熱到180°C（355°F）。將派皮切成4片可覆蓋1杯（250毫升）派模的大小，鋪入派模內，四周預留一點延伸的面積。現在製作菠菜-瑞可塔內餡。將菠菜擠壓出多餘的水分，放入碗裡，加入瑞可塔起司、雞蛋、帕瑪善起司、蔥、巴西里、蒔蘿、鹽和胡椒，混合均勻。分裝到派模裡，烘烤30分鐘，直到內餡定型。冷凍時，將鹹派用一層烘焙紙，再用一張保鮮膜包裹起來，最後再用鋁箔紙封好。可冷凍3個月。**2人份，外加冷凍的2人份。**

香菜雞肉咖哩
coriander chicken curry

洋蔥1顆，切碎
薑泥1大匙
大蒜2瓣，切碎
香菜葉1杯，和3根清洗乾淨的根部
魚露2小匙
泰國綠萊姆葉（kaffir lime leaves） 4片
稍微切碎的長綠辣椒4根
蔬菜油2大匙
去骨雞腿肉8片各140克，每片切成3等份
雞高湯½杯（125毫升）
椰奶1杯（250毫升）
四季豆（beans） 200克，修切過再切段

混合洋蔥、薑、大蒜、香菜葉和根、魚露、綠萊姆葉和辣椒，以果汁機或小型食物處理機，打成粗粒咖哩醬。在不沾平底鍋裡，以中火加熱蔬菜油，加入咖哩醬，炒5分鐘，不時攪拌。加入雞肉，和咖哩醬拌勻。加入高湯和椰奶，加熱到沸騰。將火轉小，不蓋蓋子，小火慢煮（simmer）20分鐘。加入四季豆，再煮5分鐘。可冷凍3個月。
2人份，外加冷凍的2人份。

酥脆馬鈴薯羊肉派
crispy potato-topped lamb pies

橄欖油 1 大匙
洋蔥 1 顆，稍微切碎
羊絞肉 750 克
牛骨高湯 2 ½ 杯（625 毫升）
切碎的迷迭香葉 1 大匙
第戎芥末醬 2 大匙
蜂蜜 2 大匙
防風草根 2 顆，去皮切丁
新鮮或冷凍豌豆 1 杯（120 克）
粉質馬鈴薯 500 克，去皮切薄片
奶油 30 克，融化，刷油用

將烤箱預熱到 190℃（375 °F）。以中火加熱不沾平底鍋。加入油和洋蔥，炒 4 分鐘直到變軟。加入羊絞肉，邊攪拌邊炒 5 分鐘，直到變色。加入高湯、迷迭香、芥末醬、蜂蜜和防風草根，慢煮（simmer）20-25 分鐘，直到絞肉和防風草根變軟，湯汁濃縮。加入豌豆攪拌一下，舀入 4 個容量 1 ½ 杯（375 毫升）的派模內。放上馬鈴薯薄片，刷上奶油。烘烤 35-40 分鐘，或直到馬鈴薯薄片變酥脆。可冷凍 3 個月。**2 人份，外加冷凍的 2 人份。**

米蘭香草燉牛腿
veal osso bucco with herbs

小牛的帶骨小腿肉（veal shin with bone in） 8 塊各 200 克
中筋麵粉，撒粉用
橄欖油 1 ½ 大匙
小洋蔥 12 顆，去皮修切過
雞高湯 1 公升
不甜（dry）白酒 1 杯（250 毫升）
塊根芹（celeriac） 2 顆，去皮切丁
馬鈴薯 600 克，去皮切丁
月桂葉（bay leaves） 4 片
檸檬百里香（lemon thyme） 8 根
鼠尾草（sage） 4 枝
黃檸檬果皮 4 大片
海鹽和現磨黑胡椒

將烤箱預熱到 160℃（320 °F）。在小牛肉撒上麵粉。在底部厚實的烤盤裡，用大火將油加熱。加入小牛肉，每面煎 3-4 分鐘到變色。加入洋蔥、高湯、酒、塊根芹、馬鈴薯、月桂葉、百里香、鼠尾草、黃檸檬果皮、鹽和胡椒。緊密覆蓋後，烘烤 2 小時，直到小牛肉變軟。冷凍時，將一半的小牛肉和蔬菜放入密閉容器，蓋緊，可冷凍 3 個月。**2 人份，外加冷凍的 2 人份。**

牛肝蕈雞肉派
PORCINI MUSHROOM & CHICKEN PIE

醃檸檬燉羊膝
LAMB SHANKS WITH PRESERVED LEMON

牛肝蕈雞肉派
porcini mushroom & chicken pie

乾燥牛肝蕈（porcini）（G） 16 克
滾水 ¼ 杯（60 毫升）
橄欖油 2 大匙
洋蔥 1 顆，切片
大蒜 1 瓣，壓碎
雞腿肉 3 片各 140 克，切丁
中筋麵粉 2 大匙
雞高湯 1 杯（250 毫升）
新鮮或冷凍豌豆 ¾ 杯（90 克）
平葉巴西里葉 ½ 杯，稍微切碎
市售酥皮（puff pastry） 6 張（25×25cm），解凍
蛋汁，刷塗用
洋蔥片，裝飾用
芝麻葉（rocket），上菜用

將烤箱預熱到 200°C（390 °F）。將牛肝蕈放入小碗裡，注入滾水蓋過，靜置 10 分鐘。瀝乾，切碎，保留浸泡的水。在大型平底鍋內，以中火將油加熱，加入洋蔥和大蒜，邊攪拌邊炒 2 分鐘，直到洋蔥稍微變軟。加入雞肉，炒 2 分鐘，加入麵粉，再加入牛肝蕈、浸泡的水和高湯，煮 10 分鐘，直到湯汁變濃稠。加入豌豆和巴西里，攪拌一下，離火，冷卻備用。切出 10×12cm 長方形的酥皮 12 片。將其中 6 片，放到鋪了烘焙紙的烤盤上，將雞肉平均分成 6 份，盛到酥皮上。在酥皮邊緣刷上蛋汁，蓋上另一片酥皮，緊壓邊緣密封。放上洋蔥片，刷上蛋汁，烘烤 18 分鐘，直到酥皮膨脹呈金黃色。搭配芝麻葉上桌。冷凍時，將派餅用一層烘焙紙，再用一張保鮮膜包裹起來，最後再用鋁箔紙封好。可冷凍 3 個月。**2 人份，外加冷凍的 4 人份。**

要避免冷凍食物，因儲存方式不當而被凍壞、或邊緣變乾不好看，最好的方法就是確保食物經過妥善的包裝，再送進冷凍。冷凍派餅時，要記得先用一層烘焙紙、再用保鮮膜，最後再用一層鋁箔紙包好。

醃檸檬燉羊膝
lamb shanks with preserved lemon

橄欖油 1 大匙
法式修切羊膝（French-trimmed lamb shanks）（G） 8 隻
洋蔥 2 顆，切楔形塊
迷迭香 3 枝
檸檬百里香 6 枝
切絲的醃黃檸檬果皮（preserved lemon rind）（G） 2 大匙
雞高湯 1 公升
不甜的（dry）白酒 1 杯（250 毫升）
第戎芥末醬 2 大匙
馬鈴薯 4 顆，去皮切半
紅蘿蔔 4 根，去皮縱切半
海鹽和現磨黑胡椒
酸豆香味碎 caper gremolata 材料：
平葉巴西里葉 ⅓ 杯
酸豆 1 大匙，沖洗瀝乾
磨碎的黃檸檬果皮 2 小匙

先製作酸豆香味碎。將巴西里、酸豆和黃檸檬果皮放在砧板上，切碎混合。將烤箱預熱到 180°C（355 °F）。以中－大火加熱底部厚實的烤盤。加入油和羊膝，煎到變色，中間不時翻動。加入洋蔥、迷迭香、百里香和醃黃檸檬皮，炒 2 分鐘。加入高湯、酒和芥末醬，緊密覆蓋，烘烤 1 小時。加入馬鈴薯、紅蘿蔔、鹽和胡椒，覆蓋再烤 40 分鐘。取下蓋子，續烤 30 分鐘，或直到羊膝變軟。搭配酸豆香味碎上菜。冷凍可保存 3 個月。**2 人份，外加冷凍的 2 人份。**

烤番茄薄荷濃湯
roast tomato & mint soup

熟番茄 2.5 公斤，切半
奧勒岡葉 ⅓ 杯
海鹽和現磨黑胡椒
橄欖油，澆淋用
雞高湯或蔬菜高湯 2 杯（500 毫升）
巴薩米可醋 2 大匙
糖 1 大匙
切絲的薄荷 1 杯

將烤箱預熱到 180°C（355 °F）。烤盤鋪上烘焙紙，放上番茄，切面朝上。撒上奧勒岡、鹽和胡椒，淋上油。烤 30 分鐘，直到變軟稍微變色。放到食物處理機或果汁機裡，打到質地滑順。倒入平底深鍋內，以中火加熱。加入高湯、醋和糖，小火慢煮（simmer） 4 分鐘，加入薄荷拌勻。冷凍可保存 3 個月。**2 人份，外加冷凍的 2 人份。**

烤番茄薄荷濃湯
ROAST TOMATO & MINT SOUP

煙燻鮭魚馬鈴薯餅
smoked salmon potato cakes

馬鈴薯 600 克，去皮切丁
熱煙燻鮭魚（hot smoked salmon） 250 克，弄碎
稍微切碎的蒔蘿（dill）葉 2 大匙
磨碎的辣根（horseradish）(G） 2 小匙
磨碎的黃檸檬果皮 1 大匙
雞蛋 1 顆
海鹽和現磨黑胡椒
中筋麵粉，撒粉用
奶油 1 大匙
蔬菜油 1 大匙
檸檬美乃滋（見 116 頁食譜），上菜用
芝麻葉（rocket）和綠萊姆半側（lime cheeks），上菜用

將馬鈴薯放入加了鹽的滾水中，煮 10-15 分鐘直到變軟。瀝乾搗碎。放入碗裡，和鮭魚、蒔蘿、辣根、黃檸檬果皮、蛋、鹽和胡椒，均勻混合。塑形成 8 個魚餅，表面撒上麵粉。在大型不沾平底鍋裡，以中－大火加熱奶油和蔬菜油，加入魚餅每面煎 2 分鐘，直到轉金黃色。搭配檸檬美乃滋、芝麻葉和綠萊姆半側上菜。冷凍可保存 3 個月。

2 人份，外加冷凍的 2 人份。

菠菜和瑞可塔起司焗麵卷
spinach & ricotta cannelloni

冷凍菠菜 500 克，解凍瀝乾
新鮮瑞可塔起司（ricotta） 1 公斤
雞蛋 2 顆
稍微切碎的平葉巴西里葉 ½ 杯
磨碎的帕瑪善起司 ¾ 杯（60 克）
海鹽和現磨黑胡椒
新鮮義大利千層麵皮（lasagne sheets） 12 片，切成 11×15cm 的長方形
義式新鮮番茄泥（tomato passata）(G） 1 公升
清水 1 杯（250 毫升）
大蒜 3 瓣，壓碎
切碎的羅勒葉 ½ 杯
磨碎的莫札里拉起司 1 杯（100 克）

將烤箱預熱到 180°C（355 °F）。在碗裡混合菠菜、瑞可塔起司、蛋、巴西里、½ 杯（40 克）的帕瑪善起司、鹽和胡椒，攪拌均勻。分盛到每張麵皮上，捲起來包好。放到抹上油的烤盤上。混合番茄泥、水、大蒜和羅勒，淋在麵卷上。用鋁箔紙覆蓋好，烘烤 35 分鐘。取下鋁箔，撒上剩下的混合帕瑪善和莫札里拉起司。烘烤 20 分鐘，或直到起司融化。冷凍可保存 3 個月。**2 人份，外加冷凍的 4 人份。**

南瓜椰奶濃湯
pumpkin & coconut soup

雞高湯或蔬菜高湯 1.5 公升
魚露 1 大匙
泰國綠萊姆葉（kaffir lime leaves） 4 片，拍打出香味
南瓜 1.5 公斤，去皮去籽，稍微切成丁
椰奶 1 ¼ 杯（310 毫升）
香菜葉 ½ 杯
綠萊姆角和切碎的細香蔥（chives），上菜用
長紅辣椒片，上菜用

將 1 個大型鍋子以中火加熱。加入高湯、魚露、綠萊姆葉和南瓜，加熱到沸騰，煮 8-10 分鐘或直到南瓜變軟。離火，取出丟棄綠萊姆葉。將南瓜湯倒入果汁機內，分批打碎到綿密細緻。重新倒回一個平底深鍋內，以中火加熱，加入椰奶，加熱 3 分鐘但不要使其沸騰，使湯熱透。將湯分盛到上菜的碗裡，放上香菜，搭配綠萊姆角、細香蔥和辣椒片上菜。剩下的湯倒入密閉容器內，冷凍可保存 3 個月。

2 人份，外加冷凍的 4 人份。

薄荷和迷迭香羊肉丸
mint & rosemary lamb meatballs

大蒜 2 瓣，壓碎
羊絞肉 1 公斤
切碎的薄荷葉 2 大匙
切碎的迷迭香葉 1 大匙
第戎芥末醬 2 大匙
蜂蜜 2 大匙
費達起司（feta） 200 克，捏碎
橄欖油 2 大匙
牛骨高湯 1 杯（250 毫升）
義式新鮮番茄泥（tomato passata）(G) 3 杯（750 毫升）
切碎的奧勒岡葉 ¼ 杯

將大蒜、絞肉、薄荷、迷迭香、芥末、蜂蜜和費達起司，放入碗裡混合均勻。將每大匙的絞肉塑形成丸狀。將 1 大匙的油，放入大型不沾平底鍋，以中－大火加熱，加入一半的肉丸，煎 3 分鐘，直到肉丸完全變色。倒入剩下的油，將剩下的肉丸煎到變色。轉成中火，將肉丸倒回鍋裡，加入高湯和番茄泥，小火慢煮（simmer）12-15 分鐘，直到肉丸熟透。加入奧勒岡，續煮 1 分鐘。冷凍可保存 3 個月。

2 人份，外加冷凍的 4 人份。

快速絕招
CHEATS 6.

零嘴小菜
nibbles

請朋友過來喝一杯或共度晚餐，
並不代表你要花上一整天來做準備。這裡提供的簡單
零嘴和開胃菜，可以輕鬆地打點好，
讓你有時間處理更重要的事，如準備適當的酒杯和
餐巾紙、插瓶鮮花、選擇搭配場合的背景音樂和
客人名單等。

馬丁尼橄欖
martini olives

右圖：在玻璃罐或碗裡，混合1杯（160克）綠橄欖或黑橄欖、½ 杯（125 毫升）琴酒（gin）、2 小匙綠萊姆果皮和 6 顆杜松子（juniper berries）。覆蓋好，醃1小時或整夜。上菜時，連同一點醃汁放在碗裡或淺碟上，使橄欖能稍微浸泡其中。

辣椒油浸波哥契尼起司
bocconcini in chilli oil

下圖：將 6 根小紅辣椒縱切對半，和 ½ 杯（125 毫升）的橄欖油，一起放入小型平底深鍋內，以小火加熱。微滾（simmer）後，續加熱 10 分鐘。離火，靜置一旁冷卻備用。將 220g 波哥契尼小起司球（baby boccocini）放入碗裡，注入冷卻的辣椒油。讓起司醃浸 1 小時或一整夜。

醃費達起司
marinated feta

將 ⅓ 杯（80 毫升）橄欖油，放入平底深鍋內，以極小火加熱。加入 4 瓣大蒜切片、4 小匙黃檸檬果皮絲和 ¼ 小匙磨碎的黑胡椒，持續加熱 2 分鐘，然後離火放涼備用。將 400 克質地綿密的費達起司（feta），放入上菜的盤子，撒上 ½ 杯薄荷葉。淋上冷卻的大蒜油，醃 10 分鐘或一整夜。可搭配餅乾、新鮮麵包或脆餅（crispbread）享用。

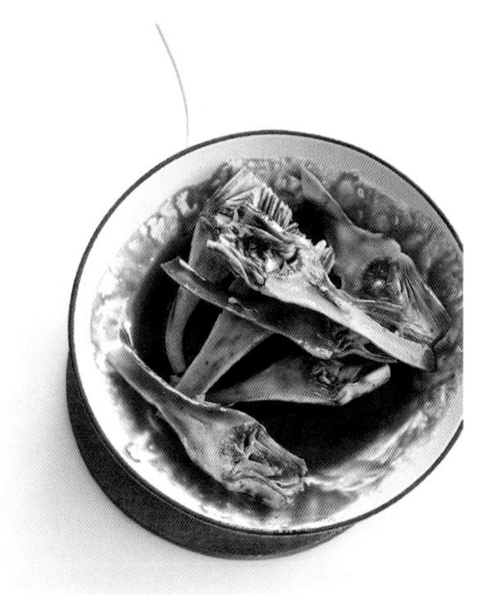

焦糖巴薩米可醋朝鮮薊芯
balsamic caramelised artichoke hearts

左圖：將 8 顆以鹵水（in brine）浸漬的罐頭朝鮮薊芯切半、用紙巾拍乾。將 ½ 杯（125 毫升）巴薩米可醋，和 ¼ 杯（55 克）的糖，放入中型不沾平底鍋內，以中火加熱 3-4 分鐘，直到變濃稠。加入朝鮮薊芯拌勻。撒上海鹽和現磨黑胡椒，搭配酥脆的麵包片上菜。

大蒜和白豆蘸醬
garlic & white bean dip

右圖：在平底深鍋內，以小火加熱 2 大匙橄欖油。加入 4 瓣大蒜片，加熱1-2分鐘，直到香味逸出。靜置一旁備用。將 400g 罐頭白豆（cannellini beans）沖洗瀝乾，倒入食物處理機內稍微打碎。加入一半的大蒜油，以及額外的 ¼ 杯（60 毫升）橄欖油、1 大匙黃檸檬汁和海鹽，繼續攪打到質地滑順。搭配剩下的大蒜油享用。

鷹嘴豆泥餅
chickpea patties

下圖：將 400g 罐頭鷹嘴豆（chickpeas）沖洗瀝乾，倒入食物處理機內，加入 1 小匙小茴香（cumin）粉、1 小匙香菜籽粉、1 顆雞蛋、⅓ 杯平葉巴西里葉、粗海鹽和現磨黑胡椒。攪打到食材稍微切碎。塑形成餅狀，用一點橄欖油加熱煎到呈金黃色。搭配市售希臘黃瓜優格醬（tzatziki）（G）、扁平麵包（flatbread）和黃檸檬角上菜。**可做出 4 個豆泥餅**。

來自地中海的美妙調味，
啓發了這些蘸醬、抹醬和煎餅。
只要花幾分鐘的時間就能準備好，
搭配扁平麵包或餅乾，
就是精采的宴會食物。

優格和費達起司蘸醬
yoghurt & feta dip

上圖：混合 1 杯（280 克）的原味優格、200g 捏碎的軟質費達起司（feta）、1 瓣壓碎的大蒜、2 小匙黃檸檬汁，和 2 大匙切碎的薄荷葉。搭配土耳其麵包片上菜。這款蘸醬可在 24 小時前做好，蓋好放入冰箱冷藏，到上菜時再取出。

快速鷹嘴豆泥
instant hummus

左圖：將 400g 罐頭鷹嘴豆（chickpeas）或白豆（cannellini beans），沖洗瀝乾，倒入果汁機內。加入 ¼ 杯（70 克）芝麻醬（tahini paste）（G）、1 瓣壓碎大蒜、1 大匙黃檸檬汁、海鹽和 ¼ 杯（60 毫升）清水。攪打到質地滑順。上菜時，淋上橄欖油，撒上一點紅椒粉（paprika）、鹽膚木粉（sumac）或辣椒粉。

香脆鴨肉餅
crispy duck pies

右圖：從市售中式烤鴨取下 300g 的肉，切碎。加入 2 大匙海鮮醬（hoisin sauce）、1 大匙梅子醬（plum sauce）和 2 根蔥花。將鴨肉餡等分放在 6 片餃子皮上，邊緣刷上打散的蛋白。蓋上另外 6 片餃子皮，緊壓封好。表面刷上蔬菜油，放入鋪了烘焙紙的烤盤，送入預熱 180°C（355 °F）的烤箱，烘烤 8 分鐘，直到變得酥脆。搭配梅子醬上菜。**可做出 12 個**。

迷你豬肉海鮮醬捲
mini pork hoisin rolls

下圖：將不沾平底鍋用大火加熱。將 1 片 240g 的豬里脊肉（pork fillet）刷上麻油，撒上 1 大匙的中式五香粉和海鹽。每面煎 2 分鐘，直到變色。蓋上蓋子，轉成小火，續煎 5-7 分鐘，直到熟透。將豬肉切片，平均分配到 10 個溫熱過的中式小餅皮上。加上蔥絲和海鮮醬，捲起包好。搭配黃瓜緞帶片和額外的海鮮醬上菜。**可做出 10 個**。

亞洲擁有完美的小吃文化，從中式的茶樓點心（dim sum）到泰國的街邊攤販，俯拾即是美味，既能開胃還能墊墊肚子。

泰式烤餛飩盅
thai wonton cups

上圖：將 12 片餛飩皮刷上油，撒上芝麻，壓入小馬芬模內。送入預熱 180°C（355 °F）的烤箱，烘烤 7 分鐘，直到呈淡褐色。在平底鍋內，加熱 50g 紅糖、1 大匙綠萊姆汁和各 2 大匙的魚露和清水。加入 1 杯（160 克）熟雞肉絲，使之完全熱透。加入 ¼ 杯香菜葉、2 片切絲的泰式綠萊姆葉和 1 根長紅辣椒片，拌勻。舀入餛飩杯中。**可做出 12 個**。

綠芥末毛豆
wasabi beans

左圖：將 400g 冷凍毛豆莢用加了鹽的滾水煮 6-8 分鐘，直到變軟，瀝乾。將 30g 奶油、2-3 小匙綠芥末醬（wasabi paste）、1 小匙水和海鹽，放入大型不沾平底鍋內，以中火加熱到奶油融化。倒入毛豆莢拌勻，趁熱盛入小碗或小杯中上菜。將豆子從豆莢中擠出食用。**4 人份**。

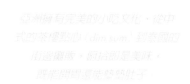

REMOVE LID TO PRESERVE THE CREAM
PASTEURISED
Special
NURSERY MILK
Phone
HAW. 2154
White's Dairy
NORTH KEW
FROM OUR OWN
FARM

快速甜點
INSTANT DESSERTS

壓力（stressed）這個字倒過來拼
就是甜點（desserts），難道只是巧合嗎？
一餐結束時，若能來份滿足的甜點，
彷彿就能消除我們所有的壓力。
就算辛苦工作了一整天，就算明天還要早起
來吧，何不試試以下的簡單食譜，讓自己振奮一下，
也寵愛家人和朋友，它們的做法簡單，
卻能達到最大的效果。

義大利濃縮咖啡提拉米蘇
ESPRESSO TIRAMISU

無麵粉巧克力蛋糕
FLOURLESS CHOCOLATE CAKE

義大利濃縮咖啡提拉米蘇
espresso tiramisu

濃烈的黑咖啡 ⅓ 杯（80 毫升）
咖啡利口酒（coffee liqueur） ⅓ 杯（80 毫升）
紅糖 2 大匙
馬斯卡邦起司（mascarpone） 1 杯（250 克）
鮮奶油（cream） ¼ 杯（60 毫升）
香草精（vanilla extract） ½ 小匙
額外的紅糖 2 大匙
市售海綿手指餅乾 8 小片（或 4 片切半的）

將咖啡、利口酒和糖，放入平底深鍋內，以中火慢煮（simmer）5-6 分鐘，直到稍微變濃稠。倒入碗裡，放入冰箱冷藏到變冷。攪拌混合馬斯卡邦起司、鮮奶油、香草精和額外的糖。在每個盤子放上 2 片手指餅乾，舀上一些咖啡糖漿。再舀上數大匙馬斯卡邦起司鮮奶油，放上剩下的餅乾。淋上剩下的咖啡糖漿，立即享用。**2 人份**。

當食譜裡提到蛋糕模的尺寸時，指的是底部的直徑大小，就算你的模具已標出尺寸，也請再度測量一下確認。最適合用來打發（whipping）的鮮奶油是 single（pouring）cream，奶油脂肪含量為 20-30%，可打發出輕盈膨鬆的口感，是蛋糕的完美搭配。

無麵粉巧克力蛋糕
flourless chocolate cake

上等黑巧克力 350 克，切碎
無鹽奶油 185 克，切小塊
雞蛋 6 顆
紅糖 1 杯（220 克）
榛果利口酒（hazelnut liqueur） ¼ 杯（60 毫升）
磨碎的榛果粉 1 杯（100 克）
榛果鮮奶油材料：
鮮奶油（cream） 300 毫升
額外的榛果利口酒 ¼ 杯（60 毫升）

將烤箱預熱到 170°C（340 °F）。在 22cm 的活動蛋糕模底部和周圍，鋪上不沾烘焙紙。將巧克力和奶油，放入平底深鍋內，以小火邊加熱邊攪拌到融化。將雞蛋、糖、利口酒和榛果粉，放入碗裡攪拌混合。加入融化的巧克力與奶油中，攪拌到質地滑順。倒入蛋糕模內，蓋上鋁箔紙。烘烤 40 分鐘。取下鋁箔紙，待其冷卻後放入冰箱冷藏。現在製作榛果鮮奶油，將鮮奶油和利口酒放入碗裡，用電動攪拌機或打蛋器打發到攪拌器舀起，尖端呈微微下垂的狀態（soft peaks）狀。蓋好冷藏，食用時再取出。蛋糕搭配榛果鮮奶油享用。**12 人份**。

覆盆子蛋糕
raspberry cake

低筋麵粉 ⅓ 杯（50 克）
杏仁粉 ⅔ 杯（80 克）
糖粉 1 杯（160 克）
奶油 90 克，融化
蛋白 3 顆，稍微打散
香草精（vanilla extract） 1 小匙
冷凍或新鮮覆盆子 1 杯
額外的覆盆子和打發鮮奶油，裝飾提味用

將烤箱預熱到 160°C（320 °F）。在碗裡混合麵粉、杏仁粉、糖粉、奶油、蛋白和香草精，攪拌到質地滑順。加入一半的覆盆子略微攪拌，舀入抹上油且鋪了不沾烘焙紙的 18cm 圓形蛋糕模中。撒上剩下的覆盆子，烘烤 35-40 分鐘，直到金屬籤測試烤熟不沾黏。趁熱，搭配混合了額外覆盆子的打發鮮奶油食用。**6 人份**。

覆盆子蛋糕

RASPBERRY CAKE

黏稠太妃糖蛋糕
cheat's sticky toffee puddings

椰棗（dates）100克，切碎
滾水⅔杯（160毫升）
小蘇打粉（baking soda）¼小匙
奶油30克，軟化
紅糖½杯（110克）
雞蛋1顆
自發麵粉（self-rising flour）⅔杯（150克）
打發鮮奶油或冰淇淋，以及額外的紅糖，裝飾提味用

將烤箱預熱到160°C（320°F）。將椰棗、滾水和小蘇打粉放入耐熱碗中，靜置10分鐘。用食物處理機打碎到質地滑順。加入奶油、糖、蛋和麵粉，再度攪打到質地滑順。分裝到4個抹上油、容量1杯（250毫升）的耐熱碗或小蛋糕模內，再放到烤盤上。烘烤25分鐘，或直到蛋糕經金屬籤測試烤熟。翻轉脫模到上菜的盤子上，搭配打發鮮奶油或冰淇淋，撒上紅糖即可享用。**4人份**。

＊自發麵粉（self-raising flour）是指已混合了泡打粉的中筋麵粉。

焦糖榛果芭菲
caramelised hazelnut parfait

烘烤榛果½杯（70克）
榛果味利口酒（hazelnut-flavoured liqueur）1小匙
紅糖1大匙
額外的榛果味利口酒 ½杯（125毫升）
冰淇淋，組合用

將烤箱預熱到160°C（320°F）。將榛果和利口酒放入小碗中拌勻。將糖放入另一碗中，倒入沾濕的榛果拌勻讓榛果外層覆滿糖。將裹了糖的榛果放在鋪了烘焙紙的烤盤上，平均鋪成一層。送入烤箱烘烤12分鐘，直到糖冒泡呈焦糖狀。從烤箱取出稍微冷卻。將額外的利口酒放入小型平底深鍋內，以大火加熱，大滾8分鐘，直到濃縮到一半變得濃稠。稍微冷卻再組合。在碗裡舀上數匙冰淇淋，再放上焦糖榛果，淋上利口酒糖漿。**2人份**。

松露巧克力慕斯
chocolate truffle mousse

鮮奶油（cream） 1 ¼ 杯（310 毫升）
黑巧克力 125 克，切碎
蛋黃 2 顆
奶油 30 克

將鮮奶油放入平底深鍋內，以中火加熱到幾乎沸騰。離火，加入巧克力、蛋黃和奶油，攪拌到質地滑順。放入冰箱冷藏到變冷。放入電動攪拌機的碗裡，打發到輕盈而綿密，小心不要過度打發，否則會產生顆粒。用湯匙將慕斯舀入小玻璃杯中，搭配市售的奶油餅乾（材料表外）享用。**2 人份**。

巧克力岩漿蛋糕
chocolate fondant puddings

黑巧克力 200 克，融化
奶油 60 克，切丁
雞蛋 2 顆
低筋麵粉 2 大匙
紅糖 ⅓ 杯（60 克）
鮮奶油或冰淇淋，裝飾提味用

將烤箱預熱到 180°C（355 °F）。將巧克力、奶油、雞蛋、麵粉和糖，放入食物處理機，打到質地滑順。舀入 2 個抹上油，1 杯（250 毫升）容量的耐熱皿（ramekins）中。烘烤 18-20 分鐘，直到蛋糕外表熟透，中央部分剛凝固。
靜置 10 分鐘，再翻轉脫模到盤子上，搭配鮮奶油或冰淇淋享用。**2 人份**。

反轉洋李蛋糕
UPSIDE-DOWN PLUM CAKE

摩卡松露巧克力
MOCHA TRUFFLES

反轉洋李蛋糕
upside-down plum cake

奶油 50 克，融化
紅糖 ¼ 杯（55 克）
洋李（plums） 2 顆，去核切片
蛋糕材料：
奶油 80 克，軟化
額外的紅糖 ⅓ 杯（75 克）
雞蛋 1 顆
自發麵粉（self-rising flour） ½ 杯（75 克）
香草精（vanilla extract） ½ 小匙
打發鮮奶油，裝飾提味用

將烤箱預熱 160℃（320 ℉）。將融化的奶油，倒入 18cm 圓形蛋糕模的底部。撒上糖，擺放上洋李切片。現在製作蛋糕。依序將奶油、糖、蛋、麵粉和香草精，放入電動攪拌機的碗裡，攪拌 4 分鐘，直到變成輕盈綿密的麵糊。舀到洋李上，烘烤 35 分鐘，直到金屬籤測試不沾黏烤熟。翻轉脫模到盤子上，搭配打發鮮奶油上桌。**4 人份**。

＊自發麵粉（self-raising flour）是指已混合了泡打粉的中筋麵粉。

你可使用任何一種硬質水果，來製作這款蛋糕，像是蘋果或西洋梨。蛋糕一從烤箱取出後，就要立即脫模，因為焦糖化的表面餡料定型得很快，可能會黏附在蛋糕模裡。若是真的黏住了，不要擔心，因為你可以把蛋糕再送回熱烤箱等幾分鐘，焦糖就會再度融化了。

摩卡松露巧克力
mocha truffles

即溶咖啡 1 大匙
滾水 1 小匙
黑巧克力 400 克
鮮奶油（cream） ⅔ 杯（160 毫升）
可可粉，撒粉用

將即溶咖啡和滾水在杯子裡混合，攪拌到咖啡完全溶解。倒入平底深鍋裡，加入巧克力和鮮奶油，以小火加熱，一邊攪拌到巧克力融化，質地滑順。在 14×14×6cm 的蛋糕模裡，鋪上不沾烘焙紙，倒入巧克力糊，冷藏 2-3 小時直到定型。切成方塊狀，撒上可可粉就完成了。**可做出 24 個**。

巧克力覆盆子蛋白餅
chocolate-raspberry meringue mess

黑巧克力 100 克，切碎
鮮奶油（cream） ¾ 杯（180 毫升）
市售蛋白餅（meringue） 2 塊
額外的鮮奶油 ½ 杯（125 毫升）
覆盆子 150 克

將巧克力和鮮奶油放入平底深鍋內，以小火加熱，邊攪拌到質地滑順，倒入碗裡備用。將蛋白餅稍微壓碎。將其中一些放入漂亮的玻璃杯中。將額外的鮮奶油打發到以攪拌器舀起，尖端呈微微下垂的狀態（soft peaks）。將一些巧克力舀入玻璃杯，淋在蛋白餅上，放上一些覆盆子，再舀上一點打發鮮奶油。**2 人份**。

＊蛋白餅（meringue）蛋白加糖打發成蛋白霜，再以低溫烤熟，亦有音譯為馬林糖。

巧克力覆盆子蛋白餅
CHOCOLATE-RASPBERRY MERINGUE MESS

椰奶米布丁和香煎芒果
coconut rice with seared mango

煮熟的米飯 2 杯（330 克）
椰奶 1 杯（250 毫升）
香草莢 1 根，剖開取出種籽
糖 ⅓ 杯（75 克）
清水 ½ 杯（125 毫升）
芒果 2 顆
細砂糖，撒糖用

在中型平底深鍋內，混合米飯、椰奶、香草籽、糖和水，以中火加熱 8 分鐘，中間不時攪拌，直到糖溶解，米飯變濃稠。離火，冷藏到變冷。將芒果的兩側（cheeks）切下，撒上糖。以大火加熱中型不沾平底鍋，放上芒果，切面朝下，煎 30 秒直到糖溶解。將冷藏好的椰奶米布丁平均分配到上菜的碗裡，搭配香煎芒果享用。**4 人份**。

椰子巧克力塔
coconut-chocolate tarts

脫水椰絲（desiccated coconut）¾ 杯（60 克）
細砂糖 ⅓ 杯（75 克）
蛋白 1 顆
巧克力甘那許材料：
黑巧克力 140 克，切碎
鮮奶油（cream）⅔ 杯（160 毫升）

將烤箱預熱到 140°C（280 °F）。在碗裡混合椰子、糖和蛋白，攪拌均勻。烤盤鋪上不沾烘焙紙，放上 6 個內側抹上油、直徑 7.5cm 的蛋圈（egg ring）。將混合好的椰子蛋白糊壓入蛋環裡，使底部和周圍形成均勻厚度的外殼。烘烤 20 分鐘，直到呈淡褐色。稍微冷卻後，脫模，再裝入巧克力甘那許內餡。製作巧克力甘那許內餡：將巧克力和鮮奶油放入小型平底深鍋混合，以小火加熱，邊攪拌到巧克力融化。離火冷卻後再倒入外殼中。冷藏 1 小時到定型。**6 人份**。

烤水果佐金黃酥頂
stonefruit with golden topping

核果類水果 4 顆，切半
甜點酒（dessert wine） 1 ¼ 杯（310 毫升）
香草莢 1 根，剖開取出種籽
肉桂棒 1 根
原味奶油酥餅（butter cake） 100 克，捏碎
奶油 40 克，融化

將烤箱預熱到 180°C（355 °F）。將核果水果放在烤盤上，切面朝下，加入酒、香草籽與莢和肉桂棒。烘烤 15 分鐘，翻面，續烤 15 分鐘。混合捏碎的酥餅和融化的奶油，撒在水果上，再烤 10-15 分鐘，直到表層酥脆呈金黃色。**4 人份**。

香蕉楓糖蛋糕
banana maple puddings

細砂糖 2 大匙
楓糖 2 大匙
香蕉泥 ⅔ 杯
奶油 50 克，融化
雞蛋 1 顆
自發麵粉（self-rising flour） ½ 杯（75 克）
濃稠鮮奶油（thick cream），裝飾提味用
額外的楓糖漿，裝飾提味用

將烤箱預熱到 170°C（340 °F）。將糖、楓糖、香蕉、奶油、蛋和麵粉，放入小碗裡混合均勻。舀入 2 個抹上油、容量 1 杯（250 毫升）的耐熱皿（ramekins）中，烘烤 30-35 分鐘，直到金屬籤測試烤熟。趁熱，舀上打發的濃稠鮮奶油和額外的楓糖漿上菜。**2 人份**。

＊自發麵粉（self-raising flour）是指已混合了泡打粉的中筋麵粉。

百香果蛋白餅
PASSIONFRUIT MERINGUES

層疊烤蘋果佐脆粒
CRUNCHY BAKED APPLE STACKS

百香果蛋白餅
passionfruit meringues

蛋白 150 毫升（約 4 顆雞蛋）
細砂糖 1 杯（220 克）
百香果肉 2 大匙（約 2 顆百香果）
額外的打發鮮奶油，裝飾提味用
額外的百香果肉，裝飾提味用

將烤箱預熱到 120°C（250 °F）。將蛋白放入電動攪拌機的碗裡，將蛋白打發到舀起蛋白霜，尖端呈微微下垂的狀態（soft peaks）。緩緩加入糖，攪拌到糖溶解，質地濃稠有光澤。輕柔地拌入百香果肉。烤盤鋪上不沾烘焙紙，每份舀上 2 大匙蛋白霜。烘烤 25 分鐘。關掉烤箱，讓蛋白餅在烤箱裡冷卻 2 小時。搭配拌上百香果肉的打發鮮奶油上菜。**可做出 20 個**。

* 蛋白餅（meringue）蛋白加糖打發成蛋白霜，再以低溫烤熟，亦有音譯為馬林糖。

要做出成功的蛋白餅，沒有特殊的秘訣，就是要掌握正確的比例。這裡提供蛋白和糖的比例，可做出我認為最完美的蛋白餅：外表酥脆，內部帶有棉花糖般結實口感。另外，讓蛋白餅慢慢地在關掉火源的烤箱裡冷卻，可避免崩塌。

層疊烤蘋果佐脆粒
crunchy baked apple stacks

去皮杏仁（blanched almonds） ½ 杯（80 克），切碎
糖 ¼ 杯（55 克）
肉桂粉 1 小撮
軟化的奶油 15 克
紅蘋果 2 顆，去核橫切成厚片
高脂濃縮鮮奶油（double heavy cream），裝飾提味用

將烤箱預熱到 180°C（355 °F）。將杏仁粒、糖、肉桂粉和奶油，放入小碗裡。烤盤鋪上不沾烘焙紙。放上 2 片蘋果，再各放上 1 匙混合杏仁粒。重複相同的步驟，完成剩下的蘋果和杏仁粒。烘烤 25 分鐘，直到蘋果變軟。搭配一勺濃縮鮮奶油享用。**2 人份**。

快速甜桃卡士達派
instant peach custard pies

甜桃 2 顆，去核切薄片
蛋黃 2 顆
額外的雞蛋 1 顆
鮮奶油 1 ¼ 杯（310 毫升）
細砂糖 ⅓ 杯（75 克）
香草精（vanilla extract） 1 小匙

將烤箱預熱到 160°C（320 °F）。將甜桃鋪在 4 個容量 1 ¼ 杯（310 毫升）、抹上油的耐熱皿裡。將蛋黃、額外的雞蛋、鮮奶油、糖和香草精，放入果汁機或食物處理機，攪拌到質地滑順。平均分裝到耐熱皿裡。烘烤 18-20 分鐘，直到卡士達剛好凝結。趁熱上菜。**4 人份**。

快速甜桃卡士達派
INSTANT PEACH CUSTARD PIES

反烤楓糖蘋果塔
maple apple tarte tatin

奶油 25 克
楓糖 ¼ 杯（60 毫升）
蘋果 1 顆，去核切片
市售酥皮（25×25cm） 2 片，解凍

將烤箱預熱到 180°C（355 °F）。將奶油放入附耐熱把手的 18cm 不沾平底鍋內，以中火加熱到奶油融化。加入楓糖，以稍微重疊的方式，放上蘋果片，加熱 5-6 分鐘到變軟。離火備用。剪下 2 片，剛好可裝入鍋裡的 19cm 圓形酥皮，重疊放在蘋果上。放入烤箱烘烤 30-35 分鐘，直到酥皮膨脹呈金黃色。靜置 2 分鐘，翻轉倒入盤子裡。可熱食或以室溫享用。**4 人份**。

莓果麵包和奶油布丁
berry bread & butter puddings

奶油，抹油用
麵包或布里歐許（brioche）麵包 4 片
冷凍覆盆子或藍莓 1 杯
雞蛋 3 顆
鮮奶 1 ½ 杯（375 毫升）
細砂糖 ⅓ 杯（70 克）
香草精 1 小匙
香草冰淇淋，裝飾提味用

將烤箱預熱到 160°C（320 °F）。在麵包上抹奶油，將每片麵包切成 8 小條。分裝到 4 個抹上油，容量 1 杯（250 毫升）的耐熱皿（ramekins）中。撒上莓果。將雞蛋、鮮奶、糖和香草精攪拌混合，澆淋到麵包與莓果上，靜置 2 分鐘。烘烤 35-40 分鐘，直到布丁的中央剛烤熟。趁熱搭配香草冰淇淋上桌。**4 人份**。

蛋白椰子烤西洋梨
macaroon-filled pears

棕色肉質結實的西洋梨 2 顆，縱切成半
蛋白 2 顆
細砂糖 ⅓ 杯（75 克）
椰子絲（shredded coconut） ¾ 杯（60 克）
焦糖冰淇淋，裝飾提味用

將烤箱預熱到 180°C（355 °F）。將西洋梨去核，切除硬質纖維，修切底部使其能夠穩定平放。將蛋白放入小碗裡，用電動攪拌機將蛋白打發到舀起蛋白霜，尖端呈微微下垂的狀態（soft peaks）。慢慢加入糖，打發到糖溶解，舀起蛋白霜，尖端呈直立的狀態（firm peaks）。輕柔拌入椰子絲，分裝入梨子裡。烘烤 25 分鐘，直到內餡變硬呈淡褐色。搭配大勺的焦糖冰淇淋享用。**4 人份**。

檸檬椰子不可能派
lemon & coconut impossible pies

細砂糖 ½ 杯（110 克）
自發麵粉（self-raising flour） 2 大匙
脫水椰絲（desiccated coconut） ⅓ 杯（25 克）
泡打粉（baking powder） ½ 小匙
磨碎的黃檸檬果皮 1 小匙
黃檸檬汁 ¼ 杯（60 毫升）
奶油 15 克，融化
鮮奶 ⅓ 杯（80 毫升）
雞蛋 1 顆

將烤箱預熱到 180°C（355 °F）。將糖、麵粉、椰子絲和泡打粉，放入碗裡攪拌混合。在另一碗中，混合黃檸檬果皮、黃檸檬汁、奶油、鮮奶和雞蛋，攪拌均勻。倒入麵粉裡，攪拌均勻。倒入 2 個容量 1 杯（250 毫升）、抹上油的耐熱派模裡。烘烤 18-20 分鐘，直到表面呈金黃色，底部有濃郁醬汁。趁熱上菜。**2 人份**。

＊自發麵粉（self-raising flour）是指已混合了泡打粉的中筋麵粉。

快速絕招

CHEATS 7.

甜蜜款待

sweet treats

坦白說，就算在一餐結束時不端上甜點，
世界也不會因此停止運轉。
但是有時候，如果沒有準備些甜的來搭配咖啡
或是作為餐後甜點，還真的叫人發愁。
雖然難以區分到底是出自欲望還是需要，
這裡列出的甜味美食，都能帶來滿足。

蜂巢糖
honeycomb

右圖：將1杯（220克）糖、⅓杯（80毫升）蜂蜜和60克奶油，放入大型平底深鍋內，加熱攪拌到糖溶解並沸騰，煮2分鐘，直到糖漿呈金黃色。離火，加入2小匙蘇打粉（baking soda），可看到泡沫產生。倒入抹上油的20cm方型模。冷卻後，分成小塊。放入密封玻璃罐裡，可搭配咖啡。**可做出一口大小的25小塊**。

少即是多餅乾
little s'mores

下圖：烤盤鋪上烘焙紙，放上6小塊巧克力餅乾。在每塊餅乾上放一小片黑巧克力，再放上半個綿花糖（marshmallow）。送入預熱160˚C（320˚F）的烤箱，烘烤3分鐘，直到棉花糖剛要變色。夾上另一塊巧克力餅乾，立即享用。在旁邊等一下，大家馬上就會說再來一塊！**可做出6個**。

咖啡的強烈風味，需要濃郁迷人的口味相伴，巧克力是讓人驚喜的組合，下面太妃糖也令人愛不釋手。唯一的難題是，要怎麼只嚐一口就喊停。

白蘭地布朗尼松露巧克力
brandy brownie truffles

上圖：將1杯（180克）市售的上等布朗尼蛋糕捏碎在碗裡，加入2小匙白蘭地。將浸濕的蛋糕每小匙塑型成球狀，沾裹上可可粉，冷藏到定型。沾裹的材料也可以用糖粉、沖泡用可可粉、杏仁片或烘烤過的椰子粉。**可做出12個**。

巧克力杏仁脆片
chocolate almond crackle

左圖：將1杯（140克）烤過的杏仁片，放在抹上油的烤盤上，壓平成一薄層。將1½杯（330克）糖和⅓杯（80毫升）清水，放入平底深鍋內，以大火加熱。加熱8-10分鐘，中間不要攪拌，直到呈金黃色。將太妃糖漿澆淋在杏仁上，冷卻定型。之後再抹上150g融化的黑巧克力，冷藏定型。用手剝成小塊，搭配咖啡享用。**可做出20塊**。

焦糖餛飩疊疊樂
caramelised wonton stacks

右圖：將烤箱預熱到 180°C（355 °F）。將烤盤鋪上烘焙紙，放上 6 張餛飩皮。刷上 15 克融化的奶油，撒上混合好的 1 大匙紅糖與 ½ 小匙肉桂粉。烘烤 7-8 分鐘直到酥脆呈金黃色。冷卻後放入密封容器內，食用時再取出。可用來夾上喜愛的冰淇淋或雪酪（sorbet）。**2 人份**。

巧克力星星
chocolate stars

下圖：用餅乾切割模，從 2 張解凍市售酥皮（25×25cm）裡，切出 16 個星型。將每塊 8 克的巧克力片，放在 8 個星型酥皮的中央，在周圍刷上蛋汁，放上另一片星型酥皮，將邊緣壓緊封好。表面刷上蛋汁，撒上細砂糖。送入預熱 180°C（355 °F）的烤箱，烤 15 分鐘，直到呈金黃色。搭配咖啡或熱巧克力享用。

可做出 8 個星型。

甜的酥皮點心能夠撫慰心靈，
立即可用的市售酥皮，讓製作過
程更為方便快速。
若是想要來點清爽醒神的滋味，
沒有比水果與氣泡
更適合的組合了。

蘋果和覆盆子酥派
apple & raspberry turnovers

上圖：用圓形花邊切割模，從 2 張解凍的市售酥皮（25×25cm）裡，切出 12 張直徑 9cm 的花形。在一半的花形酥皮上，放一片去核蘋果片（紅或青蘋果皆可），和 ½ 小匙覆盆子果醬。在酥皮邊緣刷上蛋汁，蓋上另一片花形酥皮，壓緊封好。表面刷上蛋汁，撒上細砂糖，送入預熱 180°C（355 °F）的烤箱，烘烤 15 分鐘，直到呈金黃色。**可做出 6 個**。

蜜思嘉酒與當季水果
moscato fruit

左圖：將當季綜合水果片，放入漂亮的小玻璃杯裡。夏天時，可選用水蜜桃、油桃、杏桃、李子和莓果；冬天時，可用梨子、無花果、或剛解凍的冷凍莓果。上桌前，在玻璃杯注入冰涼的蜜思嘉葡萄酒（Moscato）。想要的話，也可用粉紅氣泡酒或香檳來代替。**可做出 2 杯**。

巧克力濃縮咖啡聖代
chocolate espresso sundae

右圖：在小型平底深鍋裡，混合 75 克黑巧克力、1 大匙濃烈的濃縮黑咖啡（或 1 大匙即溶咖啡粉），和 ⅓ 杯（80 毫升）鮮奶油，以小火加熱，邊攪拌到質地滑順，離火冷卻。將數大勺的香草冰淇淋，舀入玻璃杯或漂亮的小碗裡，淋上巧克力，搭配沾裹上巧克力的咖啡豆享用。**4 人份**。

牛軋糖聖代
nougat sundae

下圖：將數大勺香草冰淇淋，舀入 4 個漂亮的高玻璃杯中。將 300 克稍微切碎的市售牛軋糖（開心果、杏仁、玫瑰水或巧克力口味），平均分配進來。你也可以淋上喜愛的堅果利口酒，壓碎的酥脆杏仁餅（amaretti）或酥餅，或是切碎的堅果。**4 人份**。

土耳其的喜悅聖代
turkish delight sundae

上圖：將數大勺香草冰淇淋，舀入 4 個碗裡，將 250 克市售名為土耳其喜悅（turkish delight）的玫瑰水口味軟糖，稍微切小塊分裝到碗裡。撒上 ½ 杯（70 克）切碎的開心果；也可撒上一些切碎的白巧克力或黑巧克力即完成。**4 人份**。

藍姆酒漬葡萄乾聖代
rum'n'raisin sundae

左圖：在小型平底深鍋內，混合 ½ 杯（70 克）葡萄乾、1 杯（250 毫升）蘭姆酒和 1 杯（220 克）紅糖。以大火加熱到沸騰，慢煮（simmer）8-10 分鐘，直到呈糖漿狀。離火冷卻。將數勺香草或焦糖冰淇淋，舀入 4 個碗中，再舀上藍姆酒漬葡萄乾上菜。**4 人份**。

字詞解釋

GLOSSARY

杏仁粉 almond meal

亦稱為 ground almonds(磨碎的杏仁)，可在大部分超市購得。可用來代替或與麵粉一起使用，製作蛋糕和甜點。可以在家自行製作，將整顆去皮杏仁放入食物處理機或果汁機內打碎(125 克的杏仁可做出 1 杯杏仁粉)。要將杏仁去皮時，可將杏仁浸泡在滾水中，再用手指將外皮褪去。

阿波里歐米 arborio rice

製作義大利燉飯的米，粗短飽滿。加熱到彈牙(al dente)時，外表的澱粉質會和高湯形成綿密細緻的奶糊般醬汁(cream)。買不到時，可以用卡納羅利 carnaroli、羅馬 roma、巴爾多 baldo、帕達諾 padano、維亞諾內 vialone 或蓬萊米 Calriso 等種類的米取代。

亞洲蔬菜 asian greens

這些蕓薹屬(brassica)的青翠葉菜類，現在已可容易地購得。它們用途廣泛令人喜愛，料理快速—可水煮、慢燉、清蒸或加入濃湯和快炒中。

青江菜：一種口味溫和的綠色蔬菜，亦有人稱為 Chinese chard 或 Chinese white cabbage。體型小者可在清洗後，整顆料理。若是體型較大，應先將葉片分開並修切白色莖部。不可加熱過久，以保持青翠鮮綠。

嫩莖青花菜 BROCCOLINI：甘藍菜(gai larn/Chinese broccoli 和青花菜 broccoli 的混種，這種綠色蔬菜有細長的莖部和小巧的花朵部分。通常成束販賣，可用來代替青花菜。

油菜：亦稱為 Chinese flowering cabbage，這種綠色蔬菜帶有很小的黃色花朵。綠色的葉片和細長的莖部，用來清蒸或加入湯裡或做成快炒。

甘藍菜(芥藍菜)：亦稱為 Chinese broccoli 或 Chinese kale，這種葉菜類帶有深綠色的葉子，小朵的白花和粗壯的莖部。

巴薩米可醋 balsamic vinegar

它的顏色深而濃郁、口味圓潤，帶有焦糖般的香甜，和其他葡萄酒醋明顯不同。原料來自義大利摩德納(Modena)的塔比安諾 trebbiano 品種葡萄，並經過 5-30 年以上的熟成。熟成期越長，品質越佳(價格也更昂貴)，用量越少。便宜的種類，可能需要另外加糖來平衡。不能代替一般的醋來使用。

汆燙 blanching

一種料理方式，用來稍微軟化蔬菜等食物的口感，增加顏色的鮮艷並提升滋味。將食材放入不加鹽的滾水中，短暫浸泡後取出，再以冷水沖洗一下。充分瀝乾後做成沙拉或當作裝飾。

布里歐許麵包 brioche

一種法國酵母麵包，充滿奶油的香甜，通常為長條吐司或小餐包形狀。傳統上當做早餐，浸泡咖啡後食用。可在特定麵包店或糕點店，及少數超市購得，可做出很好的奶油布丁(butter pudding)。

布格麥 burghul

小麥經過蒸煮或初步水煮後，曬乾、去麥麩、再壓碎製成。是土耳其、中東、印度和地中海地區料理，常見的食材。應以滾水浸泡 15-20 分鐘後再使用。

奶油 butter

一般食譜裡的奶油，都應是室溫狀態，除非另外標示。不應為半融化的狀態，或太軟無法處理。用力壓下時應仍帶一點彈性。使用奶油製作糕點時，奶油應是冷的，並切成小塊，才能均勻分散到麵粉裡。有些人偏好含鹽奶油，因為它的保存期較長。

白豆、奶油豆 butter(lima) beans

一種大型飽滿的白色豆子，亦稱為利馬豆(Lima bean)。適合做成濃湯、燉菜和沙拉。可在特產食品店(delicatessens)和超市購得，有罐頭和乾燥包裝。

白脫鮮奶 buttermilk

原本指的是，乳脂(cream)從牛奶分離後，所剩下稍帶酸味的液體。現在的白脫鮮奶是將人工培養菌(cultures)，加入低脂或脫脂鮮奶後製成。可用來製作醬汁、醃汁、調味汁和烘焙糕點。

酸豆 capers

它是酸豆灌木的小型青色花苞。可購得以鹵水浸泡或以鹽水醃漬的版本。可能的話，盡量選購後者，因為質地較結實，風味較佳。使用前先徹底沖洗，瀝乾後再以紙巾拍乾。

酸豆果 caperberries

和酸豆來自同一種灌木，但酸豆果是酸豆橢圓形、未成熟的果實。如小葡萄般大小，口味比花苞部分更為溫和，不那麼酸。使用前，先徹底沖洗，瀝乾後再用紙巾拍乾。

塊根芹 celeriac

一種根莖類蔬菜，亦稱為芹菜根 celery root，呈白色，帶有溫和的西洋芹味。冬季時可在超市和蔬果店購得。可做成沙拉和濃湯，或和肉類一起爐烤。

起司 cheese

將牛奶、山羊奶、綿羊奶和水牛乳凝乳化（curdling）後，就製成了這種營養的食物。有些起司的外皮或整體帶有黴層，因此造就了強烈的風味。

藍紋起司 BLUE：藍紋起司的獨特黴紋和風味，來自人工添加的培養黴菌。大多帶有易碎的質地和一股酸味，熟成越久則會變得圓潤馥郁。

費達起司 FETA：由山羊奶、綿羊奶或牛奶製成，鹹味重而易碎，通常貯存在鹽水中，以延長保存期限。

山羊奶起司 GOAT'S：山羊奶具有強烈的刺激味，因此製成的起司（有時標示為 chèvre）也帶有一絲刺激酸味。未成熟的山羊奶起司，比成熟的版本味道溫和而綿密，有時標示為 curd。

哈魯米起司 HALOUMI：白色的硬質起司，來自賽普勒斯（Cyprus），由綿羊奶製成。帶有伸縮性強的彈性，通常貯存在鹽水裡販賣。可在特產食品店（delicatessens）或某些超市購得。炙烤或油煎後仍能維持原形，適合做成串烤（kebabs）。

馬斯卡邦起司 MASCARPONE：一種義大利新鮮起司，含有三倍的乳脂（cream），質地如凝乳（curd）。質感和高脂濃縮鮮奶油（double cream）很接近，也常和它交替使用。可在特產食品店和超市購得小罐裝的。可製成醬汁和提拉米蘇等甜點。

莫札里拉和波哥契尼起司 MOZZARELLA & BOCCONCINI：原產自義大利，莫札里拉起司的口味溫和，常出現在披薩、千層麵（lasagne）和番茄沙拉中。它是將凝乳（curd）切割、拋轉（或拉長）後製成，使質地光滑有彈性。最珍貴的種類是以水牛乳製成的。波哥契尼起司，則是小型球狀的莫札里拉起司。

帕瑪善起司 PARMESAN：義大利最受歡迎的硬質起司，由牛奶製成，質地含顆粒狀。帕米吉安諾•雷吉安諾 Parmigiano reggiano 是其中的「勞斯萊斯」等級，在艾米利亞•羅馬涅 Emilia-Romagna 地區受到嚴格的製造規範，平均經過 2 年的熟成。格拉娜•帕達諾 Grana padano 主要來自倫巴第 Lombardy 地區，熟成期為 15 個月。

瑞可塔起司 RICOTTA：如奶油般綿密的白色起司，呈細粒般質地。ricotta 是義大利文，意為"recooked"（再度加熱），這種起司，是將製作其他起司剩下的乳清（whey）加熱後製成。它是一種新鮮起司，質地細緻綿密，脂肪含量低。

香葉芹 chervil

和巴西里（parsley）有親屬關係的香草植物，帶有一絲大茴香（aniseed）的香氣和風味。

泰式甜辣醬 chilli jam

這種調味品是由薑、辣椒、大蒜和蝦醬製成，可用在濃湯和快炒裡。適合搭配爐烤肉類、雞蛋料理和起司。

中式五香粉 chinese five-spice powder

由肉桂、花椒、八角、丁香和茴香（fennel seeds）混合製成。可在亞洲商店和超市購得。

西班牙臘腸 chorizo

質地結實而粗糙，口味辛辣，這種西班牙的豬肉香腸，以胡椒粉、紅椒粉和辣椒粉調味。可在某些肉販處和大部分的特產食品店購得。

椰奶 coconut milk

將磨碎的新鮮椰肉或脫水椰子（desiccated coconut）浸泡在熱水中，再用紗布擠壓過濾便得出這牛奶般、帶甜味的白色液體。可在超市購得，有罐頭裝或經過脫水冷凍的版本。注意不要和椰子裡的清澈液體—椰子汁（coconut juice）混淆了。

酸黃瓜 cornichons

小而嫩的黃瓜用醋或鹽水醃製而成，通常會加入蒔蘿（dill）。

北非小米 couscous

這個名稱同時代表一種阿爾及利亞、突尼西亞和摩洛哥的當地菜餚，以及它的製作材料—細小且外層粉質的謝莫利納小麥粒（semolina）。可在超市購得。

鮮奶油 cream

脂肪含量的多寡，決定了鮮奶油的不同種類、名稱以及適合的用途。

鮮奶油 SINGLE OR POURING CREAM：脂肪含量為 20-30%。最常使用來做成冰淇淋、義式奶酪（panna cotta）和卡士達（custard）。可打發成輕盈膨鬆的質地，搭配食物上菜。

濃稠鮮奶油 THICKENED CREAM：別和高脂濃縮鮮奶油（heavy / double cream）混淆了。它是由鮮奶油（single cream）添加了一

種植物膠（vegetable gum）來使其安定所製成的。植物膠使鮮奶油稍微濃稠，較易打發。適合做成甜點、蛋糕及帕芙洛娃（pavlova）的表面餡料。

高脂濃縮鮮奶油 HEAVY OR DOUBLE CREAM：脂肪含量為 40-50%。有時也稱為 pure cream，通常搭配食物一起上桌。

雞蛋 eggs

本書中所使用的標準雞蛋為 60 克。要記得使用正確的大小，因為這會影響烘焙品的成果。若是製作蛋白霜時，蛋白的分量尤其重要。烘焙時所用的雞蛋，要處於室溫狀態，所以記得在動手前 30 分鐘，就要將雞蛋從冰箱取出。

茴香 fennel

球莖茴香帶有一絲溫和的大茴香（aniseed）味，口感清爽，適合做成沙拉，或和肉類和魚一起爐烤。可從超市和蔬果店購得。

魚露 fish sauce

一種呈琥珀色的液體，從鹽漬發酵的魚萃取出來，可為許多泰國和越南料理增添風味。在超市和亞洲商店可購得，通常標示為「nam pla」。

法式修切羊膝 french-trimmed lamb shanks

當一塊部位的肉經過「法式修切 French-trimmed or Frenched」，就表示骨頭一端的肉和脂肪被全部切除，方便用手拿取，也增加餐桌上的美觀。

哈里薩辣醬 harissa

來自北非的調味品，由辣椒、大蒜及芫荽籽（coriander）、葛縷籽（caraway）、小茴香（cumin）等辛香料製成的紅色辣醬。可在超市和特產食品店購得，有玻璃罐和軟管裝。可為摩洛哥塔吉鍋料理（tagines）和北非小麥菜餚增添風味，也可加入調味汁和醬汁中，快速提升美味。

海鮮醬 hoisin sauce

一種濃稠的中式甜味醬，由發酵的黃豆、糖、鹽和紅麴米（red rice）製成。可當做蘸醬或醃醬，或是搭配烤鴨的醬汁，可在超市購得。

辣根 horseradish

一種味道刺激的根莖類蔬菜，切片或磨碎時會釋放出芥末油（mustard oil）。很快就會氧化，因此一但切片後要馬上使用，或浸泡在水或醋裡。可在蔬果店購得新鮮的，或超市有磨碎的玻璃罐裝。

鷹嘴豆泥 hummus

來自中東地區，廣受歡迎的一種蘸醬，由煮熟的鷹嘴豆（chickpeas）混合芝麻醬（tahini）、大蒜和黃檸檬汁製成。可在超市購得軟管裝。

泰國綠萊姆葉 kaffir lime leaves

香氣濃郁、外表獨特（二段葉片 double leaf）的植物葉片，切絲或拍出香味後用在泰國料理上。可在亞洲商店買到新鮮或乾燥的種類。

香茅 lemongrass

一種高而帶有黃檸檬香氣的草類，使用在亞洲食物，特別是泰國料理上。剝除外皮後，將柔軟的內芯切碎，或直接加入烹飪，上菜前再取出。可在亞洲商店或部分蔬果店購得。

楓糖 maple syrup

由楓樹的樹脂（sap）所製成的甜味劑。記得使用純正的楓糖漿，不要購買仿造的（imitation or pancake syrup），因為後者是由玉米糖漿混上楓糖調味，風味遠遠不及。

味噌醬 miso paste

一種傳統的日式食材，由發酵的米、大麥或黃豆製成，添加了鹽和菌種，形成濃稠的質地。可用來做成醬汁和抹醬，醃製蔬菜或肉類，或混合成高湯（dashi）煮成味噌湯。可在超市和亞洲商店購得。

麵條 noodles

像義大利麵一樣，記得在食品櫃裡保存一些乾燥麵條，以供不時之需。新鮮麵條可在冰箱裡保存一周。超市和亞洲商店都可購得。

綠豆粉絲 BEAN THREAD：也稱為 mung bean vermicelli, cellophane 或 glass noodles，這種麵條很細，幾乎呈透明。先用滾水浸泡再瀝乾使用。

中式麵條 CHINESE WHEAT：新鮮和乾燥的都有，也有各種厚度。新鮮麵條要先用熱水浸泡，或用滾水煮。乾燥麵條應先經過水煮後再使用。

新鮮米線 FRESH RICE：有不同的厚度，包括細、寬的和捲起的粄條（Thin, thick and

rolled）。保存期僅有數天，在熱水裡浸1分鐘，再瀝乾使用。

乾燥米線 DRIED RICE STICK：一種細長的乾燥麵條，常使用在東南亞料理中。視厚度而定，通常只需要用滾水煮一下或泡在熱水裡直到變軟。

海苔 nori

由乾燥的海草所製成的薄海苔，富含維他命，常用來製作日本料理和包裹壽司。包裝後販售，可在超市和亞洲商店購得。

橄欖 olives

黑橄欖比綠橄欖成熟，鹽份也較低。選擇果肉飽滿結實、色澤鮮明，帶有明顯果香者。

利古里亞橄欖 LIGURIAN / WILD OLIVES：通常標示為 Ligurian olives，這種野生橄欖沒有經過人為栽培，成叢生長於接近地面處。體型較小，顏色從紫芥末色到深紫和黑。果肉很薄，帶有明顯堅果味，因此用來代替花生。尼斯橄欖 Niçoise olives 品種在大小和口味上都很接近。

卡拉馬塔橄欖 KALAMATA OLIVES：來自希臘，這種橄欖的體型較大，味道濃烈，適合做成希臘沙拉。有時被劃切成兩半，以吸收保存油或醋的風味。

橄欖油 olive oil

橄欖油依照口味、香氣和酸度而有不同的等級。特級初榨（extra virgin）是品質最高的，脂肪酸不到1%。初榨（virgin）次之，含有1.5%以下的脂肪酸，果香味可能稍遜於特級初榨。標示為"olive oil"者，則混合了過濾與未過濾的（refined and unrefined）的初榨橄欖油。標示為淡橄欖油（light olive oil）者，是品質和風味純度最低的，並不代表脂肪量較低。顏色從深綠到金黃到淡金色都有。

蠔油 oyster sauce

一種深棕色有黏性的醬汁，多使用在亞洲快炒、濃湯和火鍋料理中，由生蠔、鹽水和提味劑水煮濃縮製成，濃稠成焦糖狀，風味十足。

義式培根 pancetta

一種加了鹽醃製捲起的（rolled）義大利肉品，和義大利生火腿（prosciutto）類似，但鹽份較低，質感也較軟。可購得塊裝或薄片裝，可直接食用，或加入義大利麵的醬汁和燉飯（risottos）內。

紅椒粉 paprika

由乾燥的甜椒磨碎製成。原產自匈牙利，有三種口味：溫和 mild(sweet)、煙燻（smoky）和西班牙香辣（hot Spanish）。可為肉類和米飯增添色彩和風味。

酥皮 pastry

可自行製作，或去店裡購買各種不同的種類。

酥皮 PUFF：這種派皮製作費時，也不容易，許多人寧願用現成市售的。可從糕餅店（pâtisseries）購得塊裝的，或超市有整張販售。通常需要將數張酥皮疊在一起，以供厚片使用。

油酥皮 SHORTCRUST：一種鹹味或甜味的派皮，可購得塊裝或整張冷凍的。在冰箱裡預留一些，可快速做出糕點。也可自行製作：

低筋麵粉2杯（300克）
奶油145克
冰水2-3大匙

將麵粉和奶油，用食物處理機攪拌到像麵包粉的沙礫質地。當馬達還在運轉時，加入冰水，形成質地光滑的麵團。輕柔地揉捏一下，用保鮮膜包好冷藏30分鐘。要使用時，在撒上麵粉的工作檯上，擀成3mm的厚度。這個配方可做出350克，剛好可鋪上25cm的派模或塔模。

醃薑 pickled ginger（gari）

來自日本，將嫩薑切成薄片，以帶甜味的醋醃製而成。常搭配壽司食用，因為一般相信它有清潔味蕾的功用。亞洲商店和超市都可購得。

玉米粥 polenta

在義大利北部十分普遍，將玉米粗粒以滾水慢煮到呈糊狀，再以奶油或起司調味，搭配肉類食用。另一種吃法是，冷卻後切塊，再加以炙烤、油煎或烘烤。

牛肝蕈 porcini mushrooms

在歐洲和英國可購得新鮮的，其他地方如澳洲和美國則有乾燥的版本。口感很接近肉類，帶有濃郁的泥土味（earthy）。乾燥的在使用前要先浸泡，浸泡的水也可根據喜好來使用。冷凍的牛肝蕈，現在也有普及的趨勢，和乾燥的一樣，可在特產食品店購得。

鹽漬檸檬 preserved lemon

將黃檸檬抹上鹽，放入玻璃罐裡密封，注入黃檸檬汁浸泡，經過約4周後製成。將果肉切除，果皮切碎可用來料理。也可在食品特產店購得。

義大利生火腿 prosciutto

義大利的火腿，用鹽醃製風乾製成，風乾期可長達2年。如紙片般的薄片，可生吃，或加入燉菜及其他菜餚中，增添獨特風味。常用來包裹無花果或甜瓜，當做開胃小菜。

紅咖哩醬 red curry paste

從亞洲商店或超市購買高品質的咖哩醬。若是試用新品牌，最好一次先加一點點試辣度，因為不同廠牌的辣椒含量差異極大。

紅咖哩醬配方 red curry paste recipe

小紅辣椒 3 根
大蒜 3 瓣，去皮
香茅 1 根，切碎
蔥 4 根，切碎
蝦醬 1 小匙
紅糖 2 小匙
泰國綠萊姆葉（kaffir lime leaves）3 片，切絲
磨碎的黃檸檬果皮 1 小匙
薑泥 1 小匙
濃縮羅望籽醬（tamarind concentrate）½ 小匙
花生油 2-3 大匙

將油以外的所有材料，放入小型食物處理機或香料研磨機的容器內。馬達仍在運轉時，緩緩加入油，攪拌形成質地光滑的膏狀。放入密閉容器可冷藏保存 2 周。可做出約 1 杯。

米粉 rice flour

將白米磨碎後的粉。可用來使食物濃稠、用來烘焙，或用來料理亞洲菜餚，特別是需要表面酥脆的種類。可從超市購得。

米醋 rice vinegar

由發酵的米或米酒製成，比氧化的蒸餾酒精和葡萄酒製成的醋，口味更為溫和，並帶有甜味。米醋的種類有白醋（white）－透明無色到淡黃色、黑醋（black）和紅醋（red），可從亞洲商店和某些超市購得。

紹興酒 shaoxing wine

出產於中國北方的紹興，類似不甜的雪莉酒（dry sherry），又名為中式料理酒，由糯米、小米、一種特殊的酵母和當地礦泉水所製成。亞洲超市可購得，通常標示為“shao hsing”。

蝦醬 shrimp paste

又名為 blachan，味道濃烈。由鹽漬發酵的乾燥蝦米，加鹽搗碎後製成。使用在東南亞料理上。關緊放入冰箱冷藏保存，以油炒過後再使用。可在亞洲超商購得。

四川花椒 sichuan peppercorns

一種整粒的乾燥莓果，口味辛辣嗆舌。先放入平底鍋裡乾烤出香味，再壓碎或磨碎，加入中式及亞式菜餚中。

煙燻鮭魚 smoked salmon

經過煙燻屋燻製的鮭魚。以 30° C 以下的溫度冷煙燻（cold smoking），使質地濕潤，風味細緻。熱煙燻（hot smoking），則在煙燻的過程中也將魚肉煮熟，因此質地較乾而結實，味道也較濃烈。因此若用來代替冷煙燻的種類時，份量要減少。

海綿手指餅乾 sponge finger biscuits

來自義大利的手指形餅乾，口味香甜輕盈，又稱為 savoiardi。因其能吸收其他風味並變得柔軟，但不會完全變形，適合做成提拉米蘇等甜點。可從食品特產店和多數超市購得大和小的兩種尺寸。

八角 star anise

體型小，呈咖啡色的星狀，聚集了許多種籽。帶有濃郁的大茴香（aniseed）味，可整顆或磨碎使用在甜鹹料理中。可在超市和特產食品店購得。

糖 sugar

從甘蔗或甜菜根的汁液所萃取出來的結晶體，糖是一種甜味劑、增味劑、膨脹劑和保鮮劑。

紅糖 BROWN SUGAR：和糖蜜（molasses）一起加工製成。色澤深淺依糖蜜的含量而有變化，每個國家有不同的規定。也會因此影響成品的風味。紅糖（brown sugar）有時也稱為二砂糖 light brown sugar。也可用黑糖（dark brown sugar）來代替，口味會更為濃郁。

細砂糖 CASTER (SUPERFINE)：使烘焙品輕盈細緻，是許多蛋糕和輕盈甜點，如蛋白霜的首要材料。

糖粉 ICING (CONFECTIONER'S)：將一般的白糖研磨成極細，即成糖粉。不過常會結塊，因此使用前需要過篩。使用純糖粉，不要用含有玉米澱粉（cornflour）的種類，否則會需要添加更多的液體。

砂糖 REGULAR (GRANULATED OR WHITE)：若是不需要烘焙品特別輕盈的話，可使用白糖。它的結晶較大，因此需要攪拌、加入液體或事先加熱來溶解。

鹽膚木粉 sumac

一種開花植物的乾燥莓果，磨成的粉末帶一點酸味，呈紫色，在中東地區很常用。

番薯 sweet potato

長而呈結節狀的根莖類蔬菜，內部有白和橘肉等品種。橘肉番薯，又稱為 kumara，味道較甜，也較滋潤。兩種品種都可以爐烤、水煮或搗成泥（mashed）。雖然不是山藥（yam），但料理方式很類似。

芝麻醬 tahini

將芝麻磨成粉後製成的濃稠膏狀。用於中東料理中，可在超市和健康食品商店購得，有玻璃罐和罐頭裝。

酸豆橄欖醬 tapenade

將橄欖、酸豆、大蒜和鯷魚用油混合後所製成。可當做餅乾的蘸醬，或抹在布其塔（bruschetta）和披薩上，也很適合做成醃汁或搭配冷肉。

烘烤模具 tins

鋁製的烤模沒有甚麼問題，但不鏽鋼材質較耐用，不會彎曲變形。模具的尺寸要以測量底部為準。

馬芬模 MUFFIN：標準尺寸為 12 個連模，每個模的容量為 ½ 杯（125 毫升），或是 6 個連模，各為 1 杯（250 毫升）。迷你馬芬模的容量為 1½ 大匙。不沾材質易於脫模，或使用紙杯（paper patty cases）襯底。

圓形蛋糕模 ROUND：圓形活動蛋糕模的標準尺寸為直徑 18cm / 20cm / 22cm 與 24cm。20cm 與 24cm 是最基本必備的。

活動蛋糕模 SPRINGFORM：圓形活動蛋糕模的標準尺寸為直徑 18cm / 20cm / 22cm 與 24cm。20cm 與 24cm 是最基本必備的。

方形蛋糕模 SQUARE：方形蛋糕模的標準尺寸為邊長 18cm / 20cm / 22cm 與 24cm。若是食譜裡的蛋糕使用圓形蛋糕模，但你想用方形模，一般的做法就是將尺寸減去 2cm。若是食譜使用 22cm 的圓形蛋糕模，你就可以用 20cm 的方形模代替。

豆腐 tofu

為豆子做成的凝乳，豆腐是一種高蛋白質食物，在亞洲十分普及。將黃豆汁（即豆漿）凝乳化後，擠壓成塊狀製成。依照含水量的多寡有不同的種類。嫩豆腐（silken tofu）有如卡士達（custard）般最柔軟的質地。軟豆腐（soft tofu）稍硬一些，質地如生肉般，老（或是硬）豆腐（dried / firm tofu）的質地，則如同哈魯米等半硬質起司。通常在超市和亞洲商店的冷藏區可購得，包裝裡含有水。也有包裝好的炸豆腐（deep-fried tofu）。

義式新鮮番茄泥 tomato passata

passata 是義大利文，意為擠壓過濾（passed），它是將成熟番茄脫皮去籽，再將果肉壓入濾網，使得到濃稠的番茄果泥（tomato purée）。Sugo 是由壓碎的番茄製成，因此比 passata 的質感較粗糙一些。兩種都可在超市購得瓶裝，是義大利料理的必備材料。

希臘黃瓜優格醬 tzatziki

一種希臘蘸醬，由濃稠的原味優格、大蒜和切碎或磨碎的黃瓜製成，有時也添加了蒔蘿（dill）。可在超市購得，也可當做炙烤肉類和海鮮的醬汁，或是搭配鹹味派點。

香草豆莢 vanilla beans

這種醃製過的香草蘭花豆莢可整根使用，或剖開挖出裡面的種籽混入材料裡，增添卡士達和其他鮮奶油（cream）食譜的美味和香氣。若是買不到，可用 1 小匙的純香草精（vanilla extract 一種深色的濃稠液體，非香草香精 vanilla essence）代替 1 根香草豆莢。

香草精 vanilla extract

要享受純粹的香草風味，使用上等的香草精，不要用香草香精 essence 或人工合成的。也可使用香草豆莢。

葡萄葉 vine leaves

亦稱為 'grape leaves'，來自葡萄藤的樹葉，用來包裹食物，亦可食，也用來包裹稱為 dolmades 或 dolmas 的米食開胃菜。可在某些超市和特產食品店購得。

綠芥末 wasabi

綠芥末醬由山葵製成，十分辛辣，用來做成壽司，或當做調味品使用。可在亞洲商店和超市購得。

白豆 white（坎尼里尼 cannellini）beans

這種小型腎臟狀的豆子，可在超市購得，有罐頭裝或乾燥豆包裝。乾燥的豆子要先用水浸泡一整夜，再進行料理。

餛飩皮 wonton wrappers

來自中國，這些方形小麵皮可購得新鮮或冷凍的版本。可蒸煮，也可油煎。包入肉和蔬菜做成湯餃，或做成酥脆的零嘴小吃，也可油炸後撒上糖當作甜點。

度量與轉換

MEASURES & CONVERSIONS

如何準備與享用食物的語言，也許國際通用，

但有時候，某個國家的標準量杯和度量尺，

透過翻譯，可能會在另一個國家失去意義

我們希望，以下的文字

能夠幫助你解決因此產生的誤解與混淆，

無論你居住在哪裡，都能夠根據這些基本的原則，

來充分利用這裡的簡單食譜。

全球度量 GLOBAL MEASURES

歐洲和美國的度量制度不同，
連澳洲和紐西蘭之間也有差異。

液體和固體 LIQUIDS & SOLIDS

量杯、量匙和各式測量工具，
是廚房裡極佳的資產。

測量轉換 MADE TO MEASURE

公制和英制之間的轉換，
以及材料名稱的不同說法。

metric & imperial 公制 & 英制

量杯和量匙也許會依國家不同，而有些微差異，但通常不致影響成果。所有的度量皆以材料均勻裝滿到邊緣／刮平表面為準。澳洲量杯容量為 250ml（8 fl oz）。

澳洲公制的 1 小匙為 5ml，1 大匙為 20ml（4 小匙），但在北美、紐西蘭和英國，1 大匙為 15ml（3 小匙）。

在測量液體時，請記得美國的 1 pint（品脫）為 500ml（16 fl oz），但英制的 1 pint 為 600ml（20 fl oz）。

在測量乾燥材料時，將材料直接加入杯子裡，用刀子與杯緣對齊刮平，不要輕敲或搖晃來加以擠壓，除非食譜有註明需要擠壓 firmly packed 的動作。

liquids 液體

cup 杯	metric公制	imperial 英制
⅛ cup	30ml	1 fl oz
¼ cup	60ml	2 fl oz
⅓ cup	80ml	2½ fl oz
½ cup	125ml	4 fl oz
⅔ cup	160ml	5 fl oz
¾ cup	180ml	6 fl oz
1 cup	250ml	8 fl oz
2 cups	500ml	16 fl oz
2¼ cups	560ml	20 fl oz
4 cups	1 litre	32 fl oz

solids 固體

metric 公制	imperial 英制
20g	½ oz
60g	2 oz
125g	4 oz
180g	6 oz
250g	8 oz
500g	16 oz (1lb)
1kg	32 oz (2lb)

millimetres to inches 公分換算英吋

metric 公制	imperial 英制
3mm	⅛ inch
6mm	¼ inch
1cm	½ inch
2.5cm	1 inch
5cm	2 inches
18cm	7 inches
20cm	8 inches
23cm	9 inches
25cm	10 inches
30cm	12 inches

ingredient equivalents 材料名稱

泡打粉 bicarbonate soda	baking soda
甜椒 capsicum	bell pepper
細砂糖 caster sugar	superfine sugar
芹菜根 celeriac	celery root
鷹嘴豆 chickpeas	garbanzos
香菜 coriander	cilantro
羅蔓生菜 cos lettuce	romaine lettuce
玉米粉 cornflour	cornstarch
茄子 eggplant	aubergine
青蔥 green onion	scallion
中筋麵粉 plain flour	all-purpose flour
芝麻葉 rocket	arugula
自發麵粉 self-raising flour	self-rising flour
萘菜 silverbeet	Swiss chard
豌豆莢 snow pea	mange tout
櫛瓜 zucchini	courgette

烤箱溫度 OVEN TEMPERATURE

烘烤時，將烤箱設定到正確的溫度，是關鍵的一步。

celsius to farenheit 攝氏轉換華氏

celsius 攝氏	fahrenheit 華氏
120°C	250°F
140°C	280°F
160°C	320°F
180°C	355°F
190°C	375°F
200°C	390°F
220°C	400°F

electric to gas 電烤箱對照瓦斯刻度

celsius 電烤箱溫度	gas 瓦斯刻度
110°C	¼
130°C	½
140°C	1
150°C	2
170°C	3
180°C	4
190°C	5
200°C	6
220°C	7
230°C	8
240°C	9
250°C	10

奶油和雞蛋 BUTTER & EGGS

新鮮是最好的，根據這個原則來挑選乳製品

butter 奶油

烘焙時通常使用無鹽奶油，使味道更香甜。不過，影響不大。美國的一條奶油是125g（4oz）。

eggs 雞蛋

除非另外註明，我們使用大型雞蛋（60g）。為了維持新鮮，應將雞蛋連同包裝紙盒放入冰箱冷藏保存。製作美乃滋，還有以生蛋或半熟蛋做成的調味醬汁時，一定要使用最新鮮的雞蛋。若當地有沙門氏桿菌（salmonella）感染消息，要特別小心，尤其是為小孩、年長者和孕婦準備食物時。

基本材料 COMMON INGREDIENTS

一些常見材料的容積，和重量間的換算

common ingredients 常見材料

almond meal (ground almonds) 杏仁粉
1 cup ¦ 120g
brown sugar 紅糖
1 cup ¦ 220g
white sugar 白糖
1 cup ¦ 220g
caster (superfine) sugar 細砂糖
1 cup ¦ 220g
icing (confectioner's) sugar 糖粉
1 cup ¦ 150g
plain (all-purpose) 中筋麵粉或
(self-rising) flour 自發麵粉
1 cup ¦ 150g
fresh breadcrumbs 新鮮麵包粉
1 cup ¦ 70g
finely grated parmesan cheese
磨細的帕馬善起司
1 cup ¦ 80g
uncooked rice 生米
1 cup ¦ 200g
cooked rice 熟飯
1 cup ¦ 165g
uncooked couscous 生的北非小麥
1 cup ¦ 200g
cooked, shredded chicken, pork or beef
煮熟撕成條的雞肉、豬肉或牛肉
1 cup ¦ 160g
olives 橄欖
1 cup ¦ 150g

索引

INDEX

你知道某道食譜就在本書裡，但就是找不到？

別擔心，這裡的索引讓你更省力。

我們不只列出食譜的名稱，

也根據主要食材以及章節範圍

（包括了蛋糕、沙拉和飯冰點），

編列出以下的多重索引

A

aïoli 蛋黃醬 116
almond couscous 杏仁北非小麥 45
apple 蘋果
- cinnamon, with brown sugar yoghurt 蘋果肉桂與紅糖優格 29
- & raspberry turnovers 蘋果和覆盆子酥派 186
- slaw 蘋果絲沙拉 36
- stacks, crunchy baked 層疊烤蘋果佐脆粒 180
- & strawberry bircher 蘋果和草莓果麥 29
- tarte tatin, maple 反烤楓糖蘋果塔 182
artichoke 朝鮮薊
- balsamic caramelised 焦糖巴薩米可醋朝鮮薊芯 161
- lentil & goat's cheese salad 扁豆、朝鮮薊和山羊奶起司沙拉 18
arugula 芝麻葉 - see rocket
asparagus bruschetta 蘆筍布其塔 30
aubergine 茄子 - see eggplant 參見茄子
avocado 酪梨
- & lemon salsa 酪梨和黃檸檬莎莎 64
- & mint couscous salad 酪梨和薄荷北非小麥沙拉 88
- tuna & tomato salad 酪梨、鮪魚和番茄沙拉 24

B

bacon 培根
- & beans 培根白豆 30
- & broccoli soup 綠花椰和培根濃湯 150
- & egg rolls, mini 培根蛋小餐包 31
- & spinach ricotta frittata 菠菜、瑞可塔和培根義式烘蛋 85
baked beans, smoky 臘腸白豆 82
banana 香蕉
- bread, simple 超簡單香蕉麵包 31
- maple puddings 香蕉楓糖蛋糕 177
beans 豆子 - see butter beans; snake beans; white beans 參見奶油豆、長豇豆、白豆
beef 牛肉
- & beer, individual pies 牛肉和啤酒鹹派 150
- Sichuan, with ginger-soy greens 四川牛肉和薑汁醬油青菜 70
- see also steak 參見牛排
beetroot, caramelised & fennel salad 焦糖甜菜根和球莖茴香沙拉 64
berry 莓果
- bread & butter puddings 莓果麵包和奶油布丁 182
- French toast 莓果法式吐司 31
- & maple crunch 莓果楓糖果麥 29
bircher, apple & strawberry 蘋果和草莓果麥 29
bocconcini in chilli oil 辣椒油浸波哥契尼起司 161
bread & butter puddings, berry 莓果麵包和奶油布丁 182
bread salad, Italian 烤義大利麵包沙拉 20
broccoli 嫩莖青花菜
- almond & lemon pasta 青花菜、杏仁和檸檬義大利麵 109
- & bacon soup 綠花椰和培根濃湯 150
- with lemon & garlic, roast 黃檸檬大蒜烤青花菜 145
bruschetta 布其塔
- asparagus 蘆筍布其塔 30
- mozzarella & white bean 莫札里拉起司和白豆布其塔 24
- smoked salmon 煙燻鮭魚布其塔 14
- tuna & hummus 鮪魚和鷹嘴豆泥布其塔 12
burgers, rosemary lamb 迷迭香羊肉漢堡 51
butter 奶油
- herb brown 香草棕奶油 115
- sage brown 鼠尾草棕奶油 108
butter beans with onion & garlic 洋蔥大蒜白扁豆 145
buttermilk dressing 白脫鮮奶調味汁 45, 89

Caesar salad, cheat's chicken 快速雞肉凱薩沙拉 27
cake 蛋糕
- butter cake 奶油蛋糕 174
- flourless chocolate 無麵粉巧克力蛋糕 168
- raspberry 覆盆子蛋糕 168
- upside-down plum 反轉洋李蛋糕 174
cannellini beans 白豆 – see white beans 參見白豆
cannelloni, spinach & ricotta 菠菜和瑞可塔起司焗麵卷 158
caper gremolata 酸豆巴西里調味料 156
carrot & chickpea salad 紅蘿蔔和鷹嘴豆沙拉 88
cauliflower, roast with lemon & garlic 黃檸檬和大蒜爐烤花椰菜 145
celeriac soup with sage brown butter 塊根芹濃湯佐鼠尾草棕奶油 108
celery & goat's cheese salad 醃西洋芹和山羊奶起司沙拉 89
celery root 西洋芹根 – see celeriac
cherry tomato salsa 櫻桃番茄莎莎 117
chicken 雞肉
- Chinese hotpot 中式雞肉煲飯 96
- curry, coriander 香菜雞肉咖哩 152
- curry-crusted, with coconut noodles 咖哩雞肉和椰奶麵條 42
- five-spice, & Asian greens 五香雞肉和亞洲風青菜 67
- garlic-grilled, with rocket salsa 大蒜烤雞和芝麻葉莎莎 38
- grilled miso-ginger 味噌薑汁烤雞 44
- harissa, & sweet potato 哈里薩烤雞和番薯 39
- herb & garlic roast 香草大蒜烤雞 136
- lemon-feta 檸檬費達起司烤雞 122
- lime & coriander quesadillas 雞肉、萊姆和香菜墨西哥餅 39
- mozzarella, melted 融化莫札里拉起司烤雞 140
- paper-baked lemongrass 紙包香茅雞肉 128
- parmesan-crumbed, crunchy 香脆帕瑪善雞肉 128
- patties with basil & cashews 羅勒腰果雞肉餅 73
- pie with porcini mushrooms 牛肝蕈雞肉派 156
- poached, with coriander & coconut 香菜椰奶雞肉 78
- pot pies 雞肉餡餅 131
- pot roast, perfect 完美一鍋烤全雞 108
- ricotta-basil, & wilted tomatoes 瑞可塔 - 羅勒雞肉和小番茄 72
- roast tomato 香烤番茄雞肉 125
- rustic simmered 鄉村慢煮雞肉 84
- salad 沙拉
- see chicken salad, below 參見雞肉沙拉（下）
- soup, lemongrass wonton 香茅雞肉餛飩湯 97
- stack, balsamic 巴薩米可雞肉疊疊樂 82
- spiced, with chorizo couscous 香料雞佐西班牙臘腸與北非小麥 76
- with sumac & almond couscous 鹽膚木雞肉佐杏仁北非小麥 45
- tomato, roast 爐烤番茄雞肉 125
- vine-leaf roast 葡萄葉烤雞 130
chicken salad 雞肉沙拉
- Caesar 快速雞肉凱薩沙拉 27
- with cashews & chilli 雞肉、腰果和辣椒沙拉 14
- with coconut dressing 雞肉沙拉和椰奶調味汁 27
- with potato & salsa verde 馬鈴薯雞肉沙拉佐莎莎青醬 100
- smoked chicken & lemon-mayo 煙燻雞肉和檸檬美乃滋沙拉 21
- tabouli, speedy 快速雞肉塔布里 21
- Thai ginger 泰式薑汁雞肉沙拉 79
chickpea 鷹嘴豆
- & carrot salad 紅蘿蔔和鷹嘴豆沙拉 88
- patties 鷹嘴豆泥餅 162
- & pumpkin curry 南瓜和鷹嘴豆咖哩 109
chilli jam marinade 泰式甜辣醬醃汁 58
chilli salsa 辣椒莎莎 44
chips, baked polenta 烤玉米條 144
chocolate 巧克力
- almond crackle 巧克力杏仁脆片 185
- brandy brownie 白蘭地布朗尼松露巧克力 185
- cake, flourless 無麵粉巧克力蛋糕 168
- coconut tarts 椰子巧克力塔 176
- espresso sundae 巧克力濃縮咖啡聖代 187
- fondant puddings 巧克力岩漿蛋糕 171
- mocha truffles 摩卡松露巧克力 174
- raspberry meringue mess 巧克力覆盆子蛋白餅 174
- stars 巧克力星星 186
- truffle mousse 松露巧克力慕斯 171
chorizo salad with paprika dressing 西班牙臘腸沙拉佐紅椒粉調味汁 50
cinnamon apples with brown sugar yoghurt 肉桂蘋果佐紅糖優格 29
coconut 椰奶
- chocolate tarts 椰子巧克力塔 176
- coriander noodles 椰奶香菜麵條 42
- dressing 椰子調味汁 27
- rice with seared mango 椰奶米布丁和香煎芒果 176
cookies, little s'mores 少即是多餅乾 185
corn, lime & chilli 萊姆辣椒玉米 144

courgette 櫛瓜 – see zucchini 參見櫛瓜
couscous 北非小米
- almond 杏仁北非小麥 45
- chicken & chorizo
香料雞肉和西班牙臘腸北非小麥 76
- & garlic mussels, baked
烤蒜味淡菜和北非小麥 134
- mint & avocado salad
薄荷和酪梨北非小麥沙拉 88
- vegetable antipasti 蔬食北非小麥開胃菜 12
crunch, berry & maple 蘋果楓糖果麥 29
cucumber 小黃瓜
- salad with tahini dressing
黃瓜沙拉佐芝麻醬調味汁 89
- salsa 黃瓜莎莎 117
curry 咖哩
- coriander chicken 香菜雞肉咖哩 152
- crusted chicken & coconut noodles
咖哩雞肉和椰奶麵條 42
- paste, red 紅咖哩醬 194
- pork & sweet potato 豬肉和番薯紅咖哩 96
- pumpkin & chickpea 南瓜和鷹嘴豆咖哩 109
cutlets 羊排
- lamb, with Indian-spiced rice
羊小排和印度香料飯 106
- lamb, with pine nut crust 酥脆松子羊小排 66
- pork, cider-glazed 蘋果酒香煎豬排 76
- veal, with sage & baby leeks
鼠尾草烤小牛肉排和嫩韭蔥 45

D

desserts 甜點 164—83
dips 蘸醬
- garlic & white bean 大蒜和白豆蘸醬 162
- yoghurt & feta 優格和費達起司蘸醬 162
dressings 調味汁
- aïoli 蛋黃醬調味汁 116
- Asian-flavoured mayo 亞洲風味美乃滋 116
- basil 羅勒調味汁 51
- buttermilk 白脫鮮奶調味汁 45, 89
- Caesar 凱薩調味汁 27
- chilli 辣椒調味汁 14, 54
- chilli vinegar 辣椒醋調味汁 97
- coconut 椰子調味汁 27
- lemon-honey 黃檸檬蜂蜜調味汁 24
- lemon-mayo 黃檸檬美乃滋 21, 36, 116
- mint glaze 香甜薄荷調味汁 115
- minted yoghurt 薄荷優格調味汁 48
- onion-ginger 蔥薑調味汁 96
- paprika 紅椒粉調味汁 50
- pesto 青醬調味汁 134
- preserved lemon mayo 醃黃檸檬美乃滋 36
- red-wine glaze 香甜紅酒調味汁 115
- salsa verde 莎莎青醬 100
- sesame miso 芝麻味噌調味汁 88
- tahini 芝麻醬調味汁 89
- tapenade 酸豆橄欖醬調味汁 18
- walnut & chive 核桃和細香蔥調味汁 50
- white vinegar 白酒醋調味汁 20
duck pies, crispy 香脆鴨肉餅 163
dumplings, pork, with soy greens
豬肉鍋貼佐醬油青蔬 70

E

egg(s) 雞蛋
- & bacon rolls, mini 培根蛋小餐包 31
- creamy spinach & pancetta
菠菜培根奶油炒蛋 84
- pancetta baked 義式培根烘蛋 30
- rolls 蛋皮捲 30
eggplant salad with yoghurt dressing
茄子沙拉佐優格調味汁 48
enchiladas, smoked salmon & avocado
煙燻鮭魚和酪梨墨西哥捲 20

F

fennel 球莖茴香
- & caramelised beetroot salad
焦糖甜菜根和球莖茴香沙拉 64
- crusted pork 茴香香煎豬肉 85
- & oregano rub 茴香和奧勒岡香料粉 57
- parsley & feta salad
茴香、巴西里和費達起司沙拉 89
feta, marinated 醃費達起司 161
fish 魚
- baked, with chips 烤魚和薯條 137
- baked, with soy & ginger 醬油薑汁烤魚 124
- chilli vinegar, with noodles
酸辣炸魚配粄條 97
- crispy, with avocado-lemon salsa
香煎魚片和酪梨檸檬莎莎 64
- lime & lemongrass salmon cakes
萊姆香茅鮭魚餅 78
- spiced, with sesame-ginger noodles
香料魚和芝麻薑汁麵 82
- stew with garlic & tomato 大蒜番茄燉魚 102
- wasabi salmon with mushy peas
綠芥末鮭魚佐豌豆泥 79
fishcakes, salmon, lime & lemongrass
萊姆香茅鮭魚餅 78
flourless chocolate cake 無麵粉巧克力蛋糕 168
French toast, berry 莓果法式吐司 31
frittata 烘蛋
potato & smoked salmon
馬鈴薯和煙燻鮭魚烘蛋 72
- spinach, ricotta & bacon
菠菜、瑞可塔和培根義式烘蛋 85

G

garbanzo 鷹嘴豆 – see chickpea
glaze 釉汁
- mint 香甜薄荷調味汁 115
- red wine 香甜紅酒調味汁 115
gnocchi with lemon & wilted rocket
義大利馬鈴薯餃佐黃檸檬與芝麻葉 103
green mango lime salsa 芒果萊姆莎莎 116
gremolata, caper 酸豆巴西里調味料 156

H

haloumi 哈魯米
- grilled, with fennel salad
炙烤哈魯米和球莖茴香沙拉 50
- salad with lemon-honey dressing
哈魯米薄片沙拉佐檸檬蜂蜜調味汁 24
- & sourdough salad
烤哈魯米和酸種麵包沙拉 140
hazelnut 榛果
- cream, 榛果鮮奶油 168
- parfait, caramelised 焦糖榛果芭菲 170
hoisin marinade 海鮮醬 58, 76
honeycomb 蜂巢糖 185
hummus, instant 外速鷹嘴豆泥 162

J

juniper, crushed & sage marinade
杜松子和鼠尾草醃料 57

K

kumara 番薯 – see sweet potato 參見番薯

L

lamb 羊肉
- burgers, rosemary 迷迭香羊肉漢堡 51
- cutlets with Indian-spiced rice
羊小排和印度香料飯 106
- cutlets with pine nut crust 酥脆松子羊小排 66
- harissa-spiced barbecued 哈里薩烤羊肉 42
- mint & rosemary meatballs
薄荷和迷迭香羊肉丸 159
- Moroccan-spiced baked
摩洛哥香料烤羊肉 134
- with mustard & rosemary potatoes
芥末羊肉和迷迭香馬鈴薯 64
- pies, crispy potato-topped
酥脆馬鈴薯羊肉派 153
- quince-roasted 榲桲烤羊肉 140
- shanks with preserved lemon
醃檸檬燉羊膝 156
lasagne：pumpkin, ricotta & basil
南瓜、瑞可塔起司和羅勒千層麵 150
lemon 黃檸檬
- & coconut impossible pies
檸檬椰子不可能派 183
- honey dressing 黃檸檬蜂蜜調味汁 24
lentil, artichoke & goat's cheese salad
扁豆、朝鮮薊和山羊奶起司沙拉 18
lettuce with buttermilk dressing
萵苣佐白脫鮮奶調味汁 89
Lima beans 白扁豆 – see butter beans
lime & lemongrass marinade, Thai
泰式萊姆香茅醃醬 58
linguine, shredded rocket & prawn
芝麻葉和明蝦細扁麵 102

M

macaroon-filled pears 蛋白椰子烤西洋梨 183
mange tout 豌豆莢 – see snow pea 參見豌豆莢
mango, seared with coconut rice
椰奶米布丁和香煎芒果 176
marinades 醃料
- barbecue 烤肉醃醬 58
- chilli jam 泰式甜辣醬 58
- garlic & rosemary 大蒜和迷迭香醃醬 59
- hoisin 海鮮醬 58
- hoisin-ginger 薑汁海鮮醬 76
- juniper, crushed & sage
杜松子和鼠尾草醃料 57
- preserved lemon & thyme paste
醃檸檬和百里香醃醬 59
- Thai, lime & lemongrass
泰式萊姆香茅醃醬 58
martini olives 馬丁尼橄欖 161
mash 馬鈴薯泥
- porcini 牛肝蕈馬鈴薯泥 143
- white bean & rosemary
白豆和迷迭香馬鈴薯泥 143
mayonnaise 美奶滋
- aïoli 大蒜蛋黃醬 116
- Asian-flavoured 亞洲風味美乃滋 116
- lemon 檸檬美乃滋 21, 116
- preserved lemon 醃檸檬美乃滋 36
meatballs, mint & rosemary lamb
薄荷和迷迭香羊肉丸 159
meringue(s) 蛋白餅
- chocolate raspberry mess
巧克力覆盆子蛋白餅 174
- passionfruit 百香果蛋白餅 180
mint 薄荷
- & avocado couscous salad
薄荷和酪梨北非小麥沙拉 88
- & zucchini salad with caramelised
lemon 薄荷和櫛瓜沙拉佐焦糖黃檸檬 87
mocha truffles 摩卡松露巧克力 174
Moroccan-spiced baked lamb
摩洛哥香料烤羊肉 134
Moscato fruit 莫斯卡托酒釀水果 186
mousse, chocolate truffle 松露巧克力慕斯 171
mozzarella 莫札里拉起司
- Italian veal stack
堆疊義式小牛肉和莫札里拉起司 73
- molten, in prosciutto
生火腿裹融化莫札里拉起司 131
- & white bean bruschetta
莫札里拉起司和白豆布其塔 24
mushrooms 菇蕈
- fast polenta with goat's cheese
快速玉米粥佐香菇與山羊奶起司 67
- porcini & chicken pie 牛肝蕈雞肉派 156
- porcini mash 牛肝蕈馬鈴薯泥 143
- porcini & potato soup
牛肝蕈和馬鈴薯濃湯 94
- porcini salt with T-bone steak
丁骨牛排和牛肝蕈鹽 36
- tarte tatin 反烤香菇塔 66
mussels, garlic & couscous, baked
烤蒜味淡菜和北非小麥 134

N

noodles 麵條
- Asian ginger prawn salad
亞式薑汁鮮蝦冷麵 18
- with chilli vinegar fish 酸辣炸魚配粄條 97
- coconut & coriander 椰奶香菜麵 42
- curry-crusted chicken & coconut
咖哩雞肉和椰奶麵條 42
- sesame-ginger, with spiced fish
香料魚和芝麻薑汁麵 82
- Thai salad, instant 快速泰式冷麵 12

olive(s) 橄欖
- martini 馬丁尼橄欖 161
- & pine nut salsa 橄欖和松子莎莎 117
onion(s) 洋蔥
- balsamic 巴薩米可醋洋蔥 115
- ginger dressing 蔥薑調味汁 96
- marmalade tart 焦糖洋蔥塔 122
- pickled 醃漬洋蔥 48
osso bucco, veal with herbs
米蘭香草燉牛腿 153

P

pancetta 義式培根
- baked eggs 義式培根烘蛋 30
- & baked pumpkin risotto
烘烤南瓜培根燉飯 130
- eggs & creamy spinach 菠菜培根奶油炒蛋 84
- sage & ricotta pasta
培根、鼠尾草和瑞可塔起司義大利麵 100
pappardelle carbonara 培根蛋汁寬麵 94
paprika dressing 紅椒粉調味汁 50
parfait, hazelnut 焦糖榛果芭菲 170
parsnip & rosemary rösti
防風草根和迷迭香馬鈴薯煎餅 143
passionfruit meringues 百香果蛋白餅 180
pasta 義大利麵
- broccoli, almond & lemon
青花菜、杏仁和檸檬義大利麵 109
- cherry tomato spaghetti
櫻桃番茄義大利麵 94
- gnocchi with lemon & wilted rocket
義大利馬鈴薯餃佐黃檸檬與芝麻葉 103
- lemon salmon 檸檬鮭魚義大利麵 106
- pancetta, sage & ricotta
培根、鼠尾草和瑞可塔起司義大利麵 100
- pappardelle carbonara 培根蛋汁寬麵 94
- penne with rocket, parmesan & olives
筆管麵佐芝麻葉、帕瑪善起司和橄欖 100
- pumpkin, ricotta & basil lasagne
南瓜、瑞可塔起司和羅勒千層麵 150
- rocket, shredded & prawn linguine
芝麻葉和明蝦細扁麵 102
- spinach & ricotta cannelloni
菠菜和瑞可塔起司焗麵卷 158
- with summer herbs 夏日香草義大利麵 112
- three-cheese ravioli with buttered spinach
三種起司義大利餃佐奶油菠菜 106
- zucchini & mint 櫛瓜和薄荷義大利麵 112
pastry, shortcrust 油酥麵糰 193
patties 肉餅
- chicken, with basil & cashews
羅勒腰果雞肉餅 73
- chickpea 鷹嘴豆泥餅 162
pea, minted & feta salad
薄荷豌豆和費達起司沙拉 26
peach(es) 甜桃
- baked, with rosewater yoghurt
烘烤甜桃佐玫瑰水優格 29
- custard pies, instant 快速甜桃卡士達派 180
pears, macaroon-filled 蛋白椰子烤西洋梨 183
penne with rocket, parmesan & olives
筆管麵佐芝麻葉、帕瑪善起司和橄欖 100
pesto dressing 青醬調味汁 134
pickled onions 醃漬洋蔥 48
pies(savoury) 派（鹹味）
- beef & beer, individual 牛肉和啤酒鹹派 150
- chicken pot 雞肉鹹派 131
- crispy duck 香脆鴨肉餅 163
- lamb, crispy potato-topped
酥脆馬鈴薯羊肉派 153
- porcini mushroom & chicken
牛肝蕈雞肉派 156
- spinach, ricotta & dill
菠菜、瑞可塔起司和蒔蘿派 152
- zucchini, crushed 櫛瓜鹹派 137
- see also tarts(savoury) 參見塔（鹹味）
pies(sweet) 派（甜味）
- apple & raspberry turnovers
蘋果和覆盆子酥派 186
- lemon & coconut, impossible
檸檬椰子不可能派 183
- peach custard, instant
快速甜桃卡士達派 180
- see also tarts(sweet) 參見塔（甜味）
pizza, barbecued with spinach
& mozzarella 菠菜和莫札里拉起司烤披薩 48
plum cake, upside-down 反轉洋李蛋糕 174
polenta 玉米粥
- chips, baked 烤玉米條 144
- with mushrooms & goat's cheese, fast
快速玉米粥佐香菇與山羊奶起司 67
- spinach pan, with minute steaks
菠菜玉米粥和快速小牛排 70
porcini 牛肝蕈
- mash 牛肝蕈馬鈴薯泥 143
- mushroom & chicken pie 牛肝蕈雞肉派 156
- & potato soup, creamy
牛肝蕈和馬鈴薯濃湯 94
pork 豬肉
- cutlets, cider-glazed 蘋果酒香煎豬排 76
- fennel-crusted 茴香脆殼豬排 85
- hoisin rolls, mini 迷你豬肉海鮮醬捲 163
- peppered, with apple slaw
黑胡椒豬肉和蘋果絲沙拉 36
- potsticker dumplings with soy greens
豬肉鍋貼佐醬油青蔬 70
- ribs, sticky, double cooked 回鍋烤排骨 76
- & sweet potato red curry
豬肉和番薯紅咖哩 96

potato 馬鈴薯
- cake 馬鈴薯餅 143
- cakes with smoked salmon
煙燻鮭魚馬鈴薯餅 158
- & chicken salad with salsa verde
馬鈴薯雞肉沙拉佐莎莎青醬 100
- parsnip & rosemary rösti
防風草根和迷迭香馬鈴薯煎餅 143
- porcini mash 牛肝蕈馬鈴薯泥 143
- & porcini soup, creamy
馬鈴薯和牛肝蕈濃湯 94
- & smoked salmon frittata
馬鈴薯和煙燻鮭魚烘蛋 72
prawn(s) 明蝦
- chilli jam prawns with Thai rice
甜辣醬明蝦佐泰國米飯 103
- with lemongrass & lime butter
香茅萊姆奶油烤蝦 38
- & noodle salad, Asian ginger
亞式薑汁鮮蝦冷麵 18
- & shredded rocket linguine
芝麻葉和明蝦細扁麵 102
- skewered with garlic & parsley
大蒜和西里串烤蝦 54
pudding(s) 蛋糕 / 布丁
- banana maple 香蕉楓糖蛋糕 177
- berry bread & butter
莓果麵包和奶油布丁 182
- chocolate fondant 巧克力岩漿蛋糕 171
- sticky toffee 黏稠太妃糖蛋糕 170
pumpkin 南瓜
- & chickpea curry 南瓜和鷹嘴豆咖哩 109
- & coconut soup 南瓜椰奶濃湯 159
- maple roast 楓糖烤南瓜 144
- & pancetta risotto, baked
烘烤南瓜培根燉飯 130
- ricotta & basil lasagne
南瓜、瑞可塔起司和羅勒千層麵 150
- & ricotta salad, baked 烘烤南瓜培根燉飯 124

Q

quesadillas, chicken, lime & coriander
雞肉、萊姆和香菜墨西哥餅 39
quince-roasted lamb 榲桲烤羊肉 140

R

raspberry cake 覆盆子蛋糕 168
ravioli, three-cheese, with buttered
spinach 三種起司義大利餃佐奶油菠菜 106
red curry 紅咖哩
- paste 紅咖哩醬 194
- pork & sweet potato 豬肉和番薯紅咖哩 96
red wine glaze 香甜紅酒調味汁 115
rice 米
- coconut, with seared mango
椰奶米布丁和香煎芒果 176
- Indian-spiced, with lamb cutlets
羊小排和印度香料飯 106
- Thai, with chilli jam prawns
甜辣醬明蝦佐泰國米飯 103
ricotta-basil chicken & wilted tomatoes
瑞可塔 - 羅勒雞肉和小番茄 72
risoni salad 米麵沙拉 88
risotto, baked 燉飯，烤
- pumpkin & pancetta 烘烤南瓜培根燉飯 130
- three-cheese 三種起司烤義大利燉飯 122
rocket 芝麻葉
- fig & prosciutto salad
芝麻葉、無花果和義大利生火腿沙拉 87
- & lemon with gnocchi
義大利馬鈴薯餃佐黃檸檬與芝麻葉 103
- parmesan & olive penne
筆管麵佐芝麻葉、帕瑪善起司和橄欖 100
- & prawn linguine 芝麻葉和明蝦細扁麵 102
- salsa 芝麻葉莎莎 38
rolls 捲
- egg 蛋皮捲 30
- egg & bacon 培根蛋小餐包 31
- pork hoisin, mini 迷你豬肉海鮮醬捲 163
rosemary & garlic marinade
迷迭香和大蒜醃醬 59
rösti, parsnip & rosemary
防風草根和迷迭香馬鈴薯煎餅 143
rubs 香料粉
- Chinese salt & pepper spice mix
中式香料鹽和胡椒混合粉 59
- Eastern spice 東方香料粉 57
- fennel & oregano 茴香和奧勒岡香料粉 57
- mixed pepper 綜合胡椒粉 57
- smoky barbecue 煙燻烤肉香料粉 59

S

salad 沙拉
- Asian ginger prawn & noodle
亞式薑汁鮮蝦冷麵 18
- avocado, tuna & tomato
酪梨、鮪魚和番茄沙拉 24
- basil-spiked tomatoes 番茄夾羅勒沙拉 87
- caramelised beetroot & fennel
焦糖甜菜根和球莖茴香沙拉 64
- cheat's chicken Caesar 快速雞肉凱薩沙拉 27
- chicken & cashew 雞肉、腰果和辣椒沙拉 14
- chicken, with coconut dressing
雞肉沙拉和椰奶調味汁 27
- chorizo, with paprika dressing
西班牙臘腸沙拉佐紅椒粉調味汁 50
- cucumber, with tahini dressing
黃瓜沙拉佐芝麻醬調味汁 89
- eggplant, with yoghurt dressing
茄子沙拉佐優格調味汁 48
- fennel, parsley & feta
茴香、巴西里和費達起司沙拉 89
- ginger-snow pea 醃薑豌豆莢沙拉 44
- haloumi, baked & sourdough
烤哈魯米和酸種麵包沙拉 140
- haloumi, grilled & fennel
炙烤哈魯米和球莖茴香沙拉 50
- haloumi, with lemon-honey dressing
哈魯米薄片沙拉佐檸檬蜂蜜調味汁 24
- herbed risoni 香草米麵沙拉 88
- Italian, with basil dressing
義大利沙拉佐羅勒調味汁 51
- Italian toasted bread salad
烤義大利麵包沙拉 20
- lentil, artichoke & goat's cheese
扁豆、朝鮮薊和山羊奶起司沙拉 18
- lettuce with buttermilk dressing
萵苣佐白脫鮮奶調味汁 89
- marinated celery & goat's cheese
醃西洋芹和山羊奶起司沙拉 89
- mint & avocado couscous
薄荷和酪梨北非小麥沙拉 88
- mint, zucchini & caramelised lemon
薄荷和櫛瓜沙拉佐焦糖黃檸檬 87
- minted pea & feta
薄荷豌豆和費達起司沙拉 26
- potato & chicken, with salsa verde
馬鈴薯雞肉沙拉佐莎莎青醬 100
- preserved lemon, tuna & bean
醃檸檬、鮪魚和白豆沙拉 26
- ricotta & pumpkin, baked
烘烤瑞可塔起司和南瓜沙拉 124
- roasted vegetable & pesto
烤蔬菜和青醬沙拉 134
- rocket, fig & prosciutto
芝麻葉、無花果和義大利生火腿沙拉 87
- side salads 配菜沙拉 86-9
- smoked chicken & lemon-mayo
煙燻雞肉和檸檬美乃滋沙拉 21
- snow pea 豌豆莢沙拉 87
- spiced chickpea & carrot salad
辛香鷹嘴豆和紅蘿蔔沙拉 88
- tabouli, speedy chicken 快速雞肉塔布里 21
- Thai ginger chicken 泰式薑汁雞肉沙拉 79
- Thai noodle 泰式冷麵 12
- tomato & mozzarella, with tapenade dressing
番茄和莫札里拉起司沙拉佐橄欖醬調味汁 18
salmon 鮭魚
- cakes with lime & lemongrass
萊姆香茅鮭魚餅 78
- pasta, lemon 檸檬鮭魚義大利麵 106
- with preserved lemon mayo
鮭魚和醃檸檬美乃滋 36
- wasabi, with mushy peas
綠芥末鮭魚佐豌豆泥 79
salsas 莎莎醬
- avocado-lemon 酪梨黃檸檬莎莎 64
- cherry tomato 櫻桃番茄莎莎 117
- chilli 辣椒莎莎 44
- cucumber 黃瓜莎莎 117
- green mango lime 芒果萊姆莎莎 116
- olive & pine nut 橄欖油和松子莎莎 117
- rocket, shredded 芝麻葉莎莎 38
- sweet lemon 香甜檸檬莎莎 116
- verde 青醬莎莎 100, 117
sandwiches 三明治
- herbed veal steak 香草小牛排三明治 54
- steak, shortcut 快速牛排三明治 15
shellfish, pan-roasted 盤烤蟹蝦貝 128
shortcrust pastry 油酥麵糰 193
shrimp 蝦子 — see prawns 參見明蝦
slaw, apple 蘋果絲沙拉 36
smoked chicken & lemon-mayo salad
煙燻雞肉和檸檬美乃滋沙拉 21
smoked salmon 煙燻鮭魚

- & avocado enchiladas
煙燻鮭魚和酪梨墨西哥捲 20
- bruschetta 煙燻鮭魚布其塔 14
- potato cakes 煙燻鮭魚馬鈴薯餅 158
- & potato frittata 馬鈴薯和煙燻鮭魚烘蛋 72
smoky barbecue rub **煙燻烤肉香料粉** 59
snake beans with ginger & chilli
香辣長豇豆 145
snow pea **豌豆莢**
- salad 豌豆莢沙拉 87
- salad with ginger 醃薑豌豆莢沙拉 44
soup **湯**
- broccoli & bacon 綠花椰和培根濃湯 150
- celeriac, with sage brown butter
塊根芹濃湯佐鼠尾草棕奶油 108
- potato & porcini, creamy
馬鈴薯和牛肝蕈濃湯 94
- pumpkin & coconut 南瓜椰奶濃湯 159
- roast tomato & mint 烤番茄薄荷濃湯 156
- wonton, lemongrass chicken
香茅雞肉餛飩湯 97
spaghetti, squashed cherry tomato
櫻桃番茄義大利麵 94
spinach **菠菜**
- creamy, with pancetta eggs
菠菜培根奶油炒蛋 84
- with mozzarella 菠菜和莫札里拉起司 145
- pan polenta with minute steaks
菠菜玉米粥和快速小牛排 70
- ricotta & bacon frittata
菠菜、瑞可塔和培根義式烘蛋 85
- & ricotta cannelloni
菠菜和瑞可塔起司焗麵卷 158
- ricotta & dill pies
菠菜、瑞可塔起司和蒔蘿派 152
- with sesame miso dressing
菠菜佐芝麻味噌調味汁 88
squid with crispy herbs & leek
炸槍烏賊佐酥脆香草和韭蔥 112
steak **牛排**
- herbed veal sandwiches
香草小牛排三明治 54
- herb-grilled, with pickled onions
香草牛排和醃漬洋蔥 48
- minute, with spinach polenta
菠菜玉米粥和快速小牛排 70
- prosciutto-wrapped, with blue cheese
義大利火腿裹牛排和藍紋起司 42
- sandwich 牛排三明治 15, 54
- spice-grilled, with chilli salsa
香料烤牛排佐辣椒莎莎醬 44
- T-bone, with porcini salt
丁骨牛排和牛肝蕈鹽 36
sticky toffee puddings **黏稠太妃糖蛋糕** 170
stonefruit with golden topping
烤水果佐金黃酥頂 177
strawberry & apple bircher **蘋果和草莓果麥** 29
sundaes **聖代**
- chocolate espresso 巧克力濃縮咖啡聖代 187
- nougat 牛軋糖聖代 187
- rum 'n' raisin 藍姆酒漬葡萄乾聖代 187
- Turkish delight 土耳其的喜悅聖代 187
sweet potato **番薯**
- & harissa chicken 哈里薩烤雞和番薯 39
- & pork red curry 豬肉和番薯紅咖哩 96
- spiced 香料烤番薯 144

T

tabouli, chicken **快速雞肉塔布里** 21
tarts(savoury) **塔(鹹味)**
- marinated vegetable 醃漬蔬菜塔 136
- mushroom tarte tatin 反烤香菇塔 66
- onion marmalade 焦糖洋蔥塔 122
- roasted tomato 爐烤番茄塔 31
- see also pies(savoury) 參見派(鹹味)
tarts(sweet) **塔(甜味)**
- coconut-chocolate 椰子巧克力塔 176
- maple apple tarte tatin 反烤楓糖蘋果塔 182
- see also pies(sweet) 參見派(甜味)
tarte tatin **反烤塔**
- maple apple 反烤楓糖蘋果塔 182
- mushroom 反烤香菇塔 66
T-bone steak with porcini salt
丁骨牛排和牛肝蕈鹽 36
tiramisu, espresso
義大利濃縮咖啡提拉米蘇 168
tofu **豆腐**
- ginger & soy-infused 薑汁醬油豆腐 15
- grilled, with chilli dressing
炙烤豆腐佐辣椒調味汁 54
tomato **番茄**
- basil-spiked 番茄夾羅勒沙拉 87
- & garlic fish stew 大蒜番茄燉魚 102
- & mozzarella salad with tapenadedressing
番茄和莫札里拉起司沙拉佐橄欖醬調味汁 18
- roast, with mint soup 烤番茄薄荷濃湯 156
- roasted, tarts 爐烤番茄塔 31
- salsa 番茄莎莎 117
- squashed cherry, spaghetti
櫻桃番茄義大利麵 94
truffles **松露巧克力**
- brandy brownie
白蘭地布朗尼松露巧克力 185
- mocha 摩卡松露巧克力 174
tuna **鮪魚**
- avocado & tomato salad
酪梨、鮪魚和番茄沙拉 24
- bean & preserved lemon salad
醃檸檬、鮪魚和白豆沙拉 26
- & hummus bruschetta
鮪魚和鷹嘴豆泥布其塔 12
turnovers, apple & raspberry
蘋果和覆盆子酥派 186

V

veal **小牛肉**
- cutlets with sage & baby leeks
鼠尾草烤小牛肉排和嫩韭蔥 45
- herb & mozzarella wrapped
小牛肉包香草和莫札里拉起司 125
- herbed steak sandwiches
香草小牛排三明治 54
- & mozzarella stack, Italian
堆疊義式小牛肉和莫札里拉起司 73
- osso bucco with herbs 米蘭香草燉牛腿 153
vegetable antipasti couscous
蔬食北非小麥開胃菜 12

wasabi beans **綠芥末毛豆** 163
white beans **白豆**
- & bacon 培根白豆 30
- & garlic dip 大蒜白豆泥 162
- & mozzarella bruschetta
白豆和莫札里拉起司布其塔 24
- with onion & garlic 洋蔥和大蒜白豆 145
- preserved lemon & tuna salad
醃檸檬、鮪魚和白豆沙拉 26
- & rosemary mash 白豆和迷迭香馬鈴薯泥 143
wonton(s) **餛飩**
- cups, Thai 泰式烤餛飩盅 163
- lemongrass chicken soup 香茅雞肉餛飩湯 97
- stacks, caramelised 焦糖餛飩疊疊樂 186

zucchini **櫛瓜**
- & mint pasta 櫛瓜和薄荷義大利麵 112
- & mint salad with caramelised lemon
薄荷和櫛瓜沙拉佐焦糖黃檸檬 87
- pie 櫛瓜鹹派 137

致謝
THANK YOU

在一本書成形的過程中，需要許多人集合他們的才智、花費心思、
盡力投入。Con Poulos 是我工作上的靈魂伴侶，他能保持冷靜，
而又親切、慷慨大方，投入大量的時間、創意和耐心。
謝謝你對這本書花了這麼多的心血。當 Clare Stephens 說她願意為
本書進行設計時，我覺得好像是許多年的聖誕願望一次實現了，
真的，她美麗的設計讓每一張書頁，都彷彿閃耀著光彩。我要感謝
我聰明的機智的編輯 Kirsty McKenzie，你是串聯所有大小事的
核心人物。我也要謝謝 Ali Irvine所有辛苦的工作，以及你帶來的歡笑。
對設計大師 Sarah Kavanagh 細心的監督，我獻上永恆的感恩。
感謝 dh 雜誌美食編輯團隊：Justine, Steve, Jane 和 Lucy；
一併感謝 dh 的品牌傳奇與大力支持者，Petrina Frost。同時也感謝
HarperCollis 出版社的 Shona Martyn，謝謝妳的熱心協助。

最後，我要將同樣的感恩，獻給我家裡的大男人與小男孩們，
Bill, Angus 和 Tom，你們使我開心微笑，讓我的世界充滿喜悅。

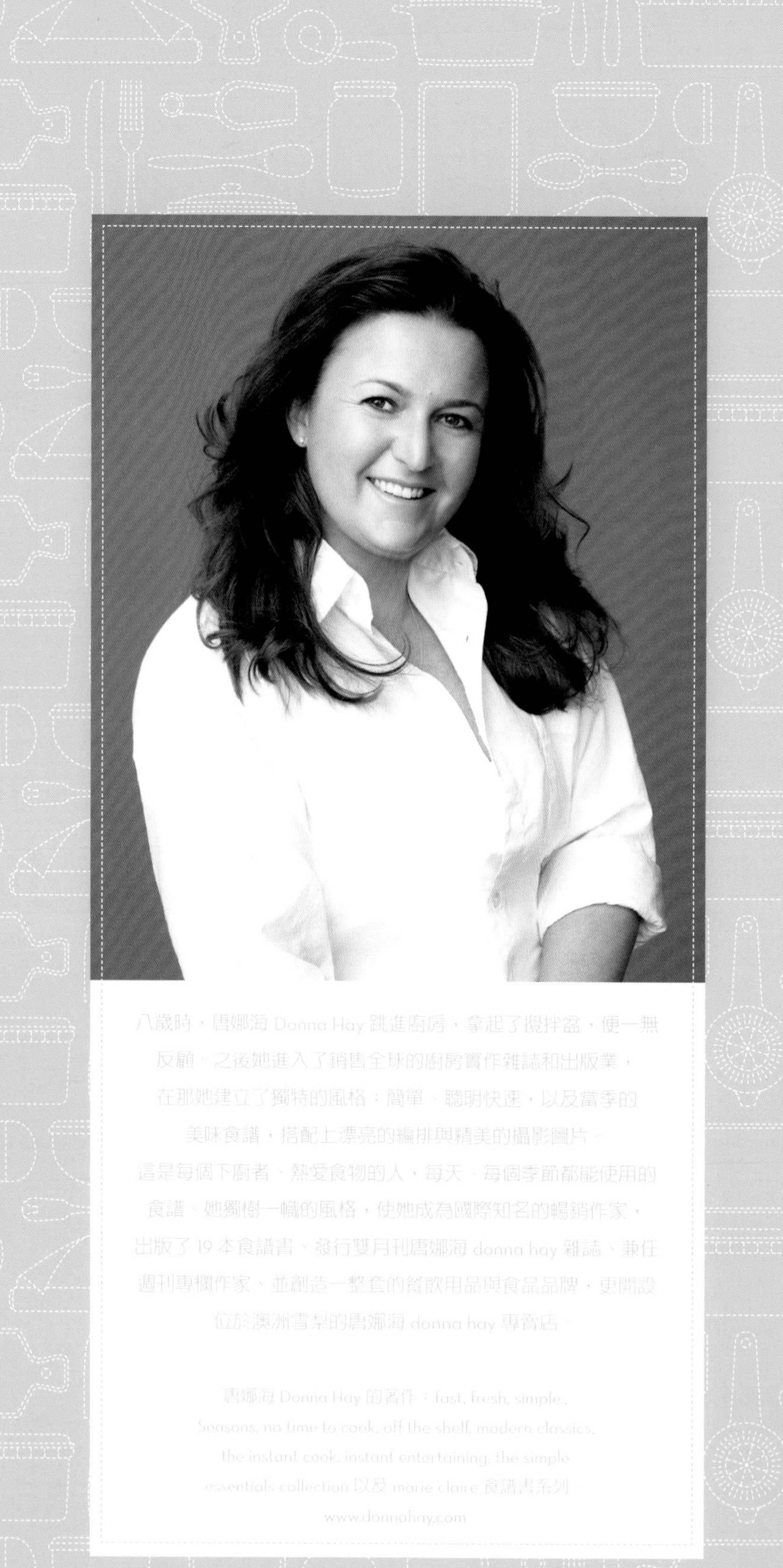

八歲時，唐娜海 Donna Hay 跳進廚房，拿起了攪拌盆，便一無反顧。之後她進入了銷售全球的廚房實作雜誌和出版業，在那她建立了獨特的風格：簡單、聰明快速，以及當季的美味食譜，搭配上漂亮的編排與精美的攝影圖片。這是每個下廚者、熱愛食物的人，每天、每個季節都能使用的食譜。她獨樹一幟的風格，使她成為國際知名的暢銷作家，出版了 19 本食譜書、發行雙月刊唐娜海 donna hay 雜誌、兼任週刊專欄作家、並創造一整套的餐飲用品與食品品牌，更開設位於澳洲雪梨的唐娜海 donna hay 專賣店。

唐娜海 Donna Hay 的著作：fast, fresh, simple.,
Seasons, no time to cook, off the shelf, modern classics,
the instant cook, instant entertaining, the simple
essentials collection 以及 marie claire 食譜書系列
www.donnahay.com